実践！集落営農の動かし方

目 次

【執筆者および分担】
藤井吉隆（秋田県立大学生物資源科学部准教授）：第１章第１節・第２節・第４節、第２章、第３章第１節
西堀欣弥（滋賀県農業会議次長）：第１章第３節・第５節
角田毅（山形大学農学部教授）：第３章第２節
中村勝則（秋田県立大学生物資源科学部准教授）：第３章第３節・第４節

『実践！集落営農の動かし方』

はじめに

全国各地で集落営農組織の設立と法人化が進んでいる。平成28年度集落営農実態調査（農林水産省）によると，全国の集落営農組織数は15,134、法人数は4,217となっている。これらの集落営農組織の中には、構成員が一致団結して活力ある組織運営を行っている組織がある一方、役員・構成員の高齢化、組織運営に対する構成員の無関心化など組織運営が停滞している組織も多く、その実態にはかなりのバラツキが見られる。

農業従事者の減少や高齢化が進む中、集落営農組織が地域農業を将来にわたって担う経営体となるためには、組織の継続性を強化するための取り組みが不可欠であり、組織運営面や生産活動面での対策と工夫を実践していくことが求められる。

では、そのためにどのような取り組みが必要なのか？　本書では、集落営農を機能させるための組織運営面、生産活動面におけるポイントと対応策を実際の取り組み事例の紹介を交えながら解説している。

第１章では、“継続できる組織運営”をテーマに、組織運営におけるポイントと対応策について、「経営理念･経営方針の策定」「役員の負担軽減」「構成員の参画意識向上」「若い世代の参画促進」を取り上げて解説している。

第２章では、“生産活動のステップアップ”をテーマに、生産活動におけるポイントと対応策について、「計画の策定（Plan）→作業の実施（Do）→評価・改善（See）」の流れに沿って解説している。

第３章では、“集落営農の新たな展開”をテーマに、米価の低迷、構成員の高齢化など集落営農を取り巻く内外の環境が変化する中で、①経営の多角化と雇用労働力の導入、②集落営農の経営発展と地域コミュニティ、③集落営農連合体の形成－を取り上げ、先進事例における取り組みの概要とポイントを解説している。

集落営農組織の役員をはじめとする関係者、それを支援する関係機関・団体の担当者の方々に活用していただけると幸いである。

最後に、事例調査に快くご協力いただいた集落営農組織の関係者の皆様に深く謝意を申し上げます。

付記：

本書は、滋賀県農業再生協議会（滋賀県，滋賀県農業会議，ＪＡ滋賀中央会）が作成した「集落営農ヒント集－組織の継続性を高めるために－」の内容をもとに、加筆修正して執筆したものである。

第１章　継続できる組織経営

第１節　集落営農における組織運営の特徴とポイント

集落営農では、多数の構成員が参画して組織的に農業経営を行うことが特徴である。家族経営では、寝食をともにしながら相互の意思疎通が行いやすい環境で農業経営を行うのに対し、集落営農では、集落の農家が出資して集落営農組織を立ち上げ、役員が中心となり、組織運営をリードしながら農業経営を行う。

このため、集落営農の組織運営では、多様な能力・経験・個性を持った多くの構成員が一致団結して、それぞれの役割を果たしながら組織を運営していくことが求められる。

しかし、集落営農の運営に携わるリーダーの方々と話をすると、組織運営上の問題点として、「構成員の多くが集落営農に無関心である（役員任せになっている）」「役員の負担が大変で役員のなり手がいない」「オペレーターが不足している」「若者の参画が得られない」など組織運営上の問題点を耳にすることも多い。

一方、組織運営の創意工夫によりこうした問題点を解決し、活力ある組織運営を実践している事例も見られる。これらの組織では、役員を中心に課題解決に向けたアイデアを出し、試行錯誤しながら様々な対策が講じられており、その積み重ねが活力ある組織運営の原動力となっている。

このように、活力ある組織運営を行うためには、組織運営上の創意工夫が求められ、そのことが持続できる組織運営につながっていくのである。

そこで、本章では、「継続できる組織運営」を構築するための対応策として、以下の４点に焦点を当て、取り組みのポイントを解説するとともに先進事例における取り組みを紹介する。

"継続できる組織運営"

□経営理念・経営方針の策定

➡構成員の組織運営に対する共通認識と意識統一を図るために経営理念や経営方針を策定し、構成員への浸透を図ろうとする取り組み

□役員の負担軽減

➡組織運営の要となる役員の負担軽減を図りながら、次代の組織運営を担う人材の確保・育成を図ろうとする取り組み

□構成員の参画意識向上

➡構成員と集落営農の関わりを深めながら、組織運営への貢献意欲向上を図る取り組み

□若い世代の参画を促進

➡次代の集落営農を担う若い世代の参画を促し、組織運営の活性化を図る取り組み

第２節　経営理念・経営方針を策定する

集落営農の設立後、年数が経過するとともに、経営を取り巻く状況や構成員の意識が変化し、設立当初の目的意識が弱くなり、活動が停滞する集落営農組織も多い。集落営農を機能させるためには、まず第一に、組織の構成員が「共通の目的」を持って、目的を達成するために一致団結して組織運営に取り組んでいくことが求められる。

そして、組織活動において構成員が「共通の目的」を認識するために重要な役割を果たすものが「経営理念」「経営方針」である。

経営理念は、「経営の存在意義」や「経営に対する姿勢」などを明文化したものであり、経営目的を達成するための指針、いわば、“組織の魂”というべきものである。また、経営方針は、経営を行うにあたり当面取り組む活動の方向性を明文化したものであり、経営理念を実際の経営の取り組みに沿う形で具体化したもの、いわば、“経営の道しるべ”というべきものである（図Ⅰ－１）。

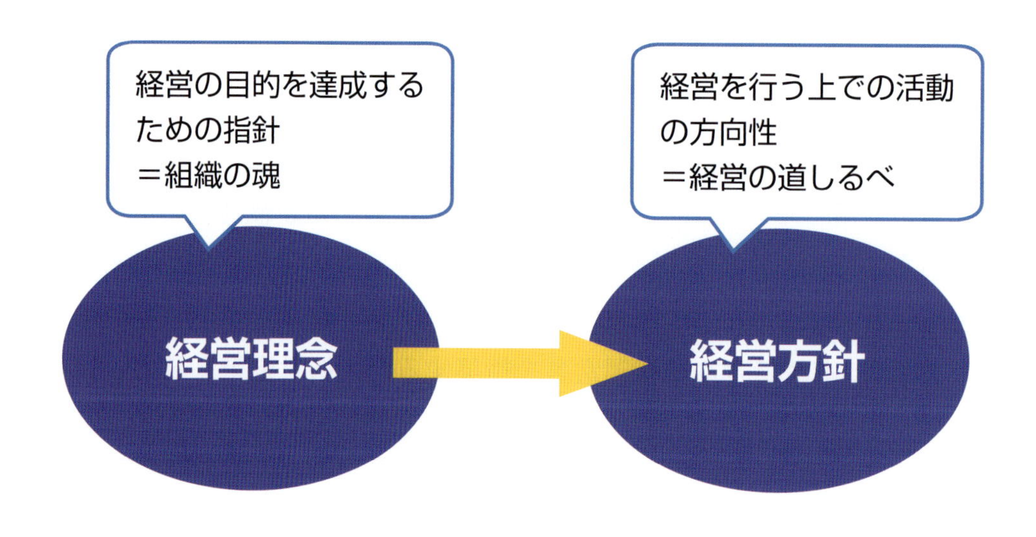

図Ⅰ－１　経営理念と経営方針

多くの構成員が参画して組織運営が行われる集落営農では、「経営理念」「経営方針」を明示して構成員全体で共有することが重要となる。このため、集落営農の組織運営の中で、以下の取り組みは実践できているかをチェックした上で、これらの取り組みができていない組織では、早急に対策を行うことが求められる。

☑　経営理念を整理・明文化している
☑　経営方針を整理・明文化している
☑　経営理念や経営方針を構成員全体で共有できている

そこで、本節では、集落営農の組織運営において経営理念・経営方針を策定し、構成員全体で共有することを目指す際のポイントとして、①構成員の意識を知る、②経営理念を策定する、③経営方針を策定する、④経営理念・経営方針を浸透させる－の４点を取り上げて解説する（図Ⅰ－２）。

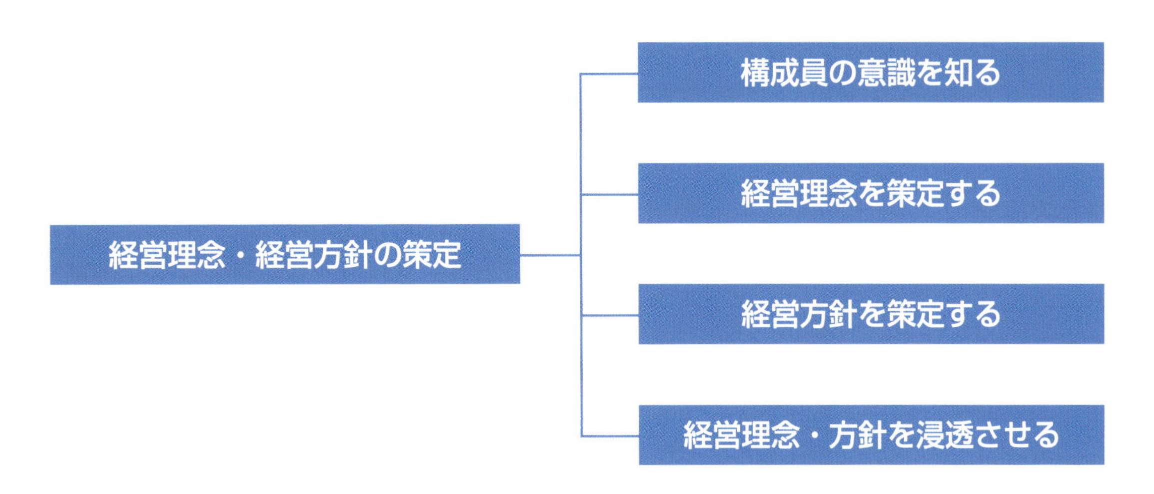

図Ⅰ－２　　経営理念・経営方針の策定のポイント

１．構成員の意識を知る

集落営農の組織運営に際しては、まず、第一に構成員の意識を把握しておくことが重要である。集落営農組織の設立時には、アンケートや座談会などを行って、構成員の意向を把握しながら検討が行われることも多いが、組織設立後はこうした取り組みがおろそかになることが多い。

しかし、集落営農組織設立後、時間の経過とともに構成員の意識は変化していくものである。また、集落営農の運営では、組織運営の中心的役割を担う役員と構成員の間では、立場や責任の違いから両者の意識が乖離していくこともしばしばある。

このため、集落営農の継続的な組織運営を図るためには、役員は、日頃から構成員とのコミュニケーションを深めるなど風通しの良い組織運営を心がけるとともに、構成員の意識を把握した上で、組織運営に取り組んでいくことが求められる。

この場合、構成員の意識を把握する方法としては、アンケートや座談会などがある。

アンケートは、構成員世帯の全成人を対象にするなど多くの人を対象に一斉に行うことができるため、幅広い構成員の意識を把握できることが利点である。また、その結果を集計することで構成員の意識を客観的に把握することができ、組織運営の話し合いの材料として多方面に活用できる。

また、座談会では、アンケートのように多数の人を対象に実施することは難しいが、アンケートでは把握することができない構成員の意識や考えを掘り下げて把握することができるなどの利点がある。

□風通しの良い組織運営（日頃から構成員の意見を聞く、懇親の場などを設ける）
日常の組織運営の中での心がけにより、大きな負担なく取り組むことができる

□アンケートの実施
・全構成員などを対象に実施することで多くの構成員の意識を把握できる
・調査結果を客観的に把握できる

□座談会の実施
構成員の意識を掘り下げて把握できる

【アンケート調査の取り組み事例】

以下に、集落営農で実施されたアンケート調査の事例を紹介する。

Ｙ法人では、集落営農組織設立後、時間が経過する中で、稲作に加えて新たに園芸部門や加工部門などへの取り組みが展開されようとしていた。

しかし、Ｙ法人では、「構成員の参画意識にバラツキがある」「（現役員が中心となり）園芸部門や加工部門の導入を進めているが、構成員の反応がイマイチである」などの問題点が顕在化しつつあった。役員は、日頃から構成員とのコミュニケーションを図ることを心がけていたものの、幅広い構成員の意見を聞く機会は設けられていなかった。

そこで、Ｙ法人では、今後の集落営農の経営方針を考える素材として、構成員の意識を把握するためにアンケート調査を実施した。

その概要および質問項目を以下に示す。

【アンケート調査の概要（Ｙ法人）】

□目的：経営方針を見直し・検討する際の検討材料として活用する

□設問内容（詳細は次項）

1．回答者の状況
2．現在の組織運営に対する満足度
3．今後の運営方針に対する意向
4．組織運営に対する参画意向

□対象：構成員世帯の全成人を対象（幅広い世代の意見を把握する）

□活用：経営方針の検討に関わる座談会の資料として活用

１．回答される皆様の状況について答えてください。

（１）性別：（男性　・　女性）

（２）年齢：（　　　　　）歳代

（３）役員経験（あり　・　なし）

（４）出役の状況（常に　・　時々　・　なし）

（５）集落営農の利用状況（全面委託　・　機械作業の委託等）

（６）加工・野菜・交流イベントへの参加（参加している　・　いない）

２．現在の組織運営について答えてください。

（１）オペレーター作業について

（作業が早くていねい　・　ふつう　・　荒く効率も悪い）

（２）水稲の栽培管理　　（良い　・　ふつう　・　悪い）

（３）麦・大豆の栽培管理（良い　・　ふつう　・　悪い）

（４）出役作業の分担について（良い　・　ふつう　・　悪い）

（５）機械の作業料について

・コンバイン（高い　・　ふつう　・　安い）

（６）出役作業の賃金について（高い　・　ふつう　・　安い）

（７）作業の段取り・指示について

（円滑にできている　・　ふつう　・　問題が多い　）

（８）指導や研修について（十分　・　ふつう　・　不十分）

３．今後の組織運営について答えてください。

（１）今後の集落営農の運営方針についてどのように考えていますか？

①水稲の管理方法について、考えに近いものは？

ア　集落みんなで営農にたずさわる運営方式（集落協業経営）

イ　機械作業のみ集落営農で行う方式（オペレーター方式）

②集落営農の利益について

ア　利益がでなくても農業が継続できればよい

イ　採算割れにならないようにして農業を継続できればよい

ウ　積極的に利益を追求すべき

③機械施設や大区画圃場等の投資について

（積極的に　・　現状の装備を更新維持　・　新たな投資は控える）

④農道や水路などの整備や管理について

（構成員が協力して行う　・　組織が行う）

４．今後の組織運営への参加意向について答えてください。

（１）出役作業はどの程度参加できますか？

（土・日　・　年回数回なら平日も可　・　いつでも可　・　出られない）

（２）出役作業への参加意向について

①オペレーター作業

（積極的に　・　要請があれば　・　したくない）

②一般作業

（積極的に　・　要請があれば　・　したくない）

（３）役員への就任意向について

（積極的に　・　要請があれば　・　したくない）

（４）野菜部への参加意向について

（積極的に　・　要請があれば　・　したくない）

（５）加工部への参加意向について

（積極的に　・　要請があれば　・　したくない）

（６）消費者交流やイベントへの参加意向について

（積極的に　・　要請があれば　・　したくない）

５．集落営農に対するご意見・ご要望・ご提案をできる限り記入してください。

このようにＹ法人では、経営方針の見直しを契機に、構成員世帯の全成人を対象としたアンケート調査を実施し、構成員の組織運営に対する意向を把握するとともに、その結果を活用して構成員参加による座談会を開催することで、構成員の意向を踏まえた経営方針の策定につながった（詳細は第１章第２節３を参照）。

以上のとおりアンケート調査は、調査票の作成や調査結果の取りまとめなど手間を要するものであるが、経営方針など組織運営の重要事項を検討する際には、判断や話し合いの“よりどころ”として有効に活用できるものである。

２．経営理念を策定する

経営理念は、経営の目的を達成するための活動指針であり、いわば“組織の魂”となるものである。

経営理念の内容は、経営により様々であるが、その内容は、①経営の存在意義を示す（＝経営の使命は何か）、②経営に対する姿勢を示す（＝どのような姿勢で経営するのか）、③行動規範を示す（＝どのように行動するのか）ものに大別される（図Ⅰ－３）。

構成員が一致団結して組織運営を行うためには、「何のための集落営農なのか？」「どのような農業経営を行うのか？」などについて、しっかりと話し合いを行いながら、その結果を経営理念として整理・明文化しておきたいものである。

以下に、農業法人における経営理念の具体例およびその策定方法を紹介する。

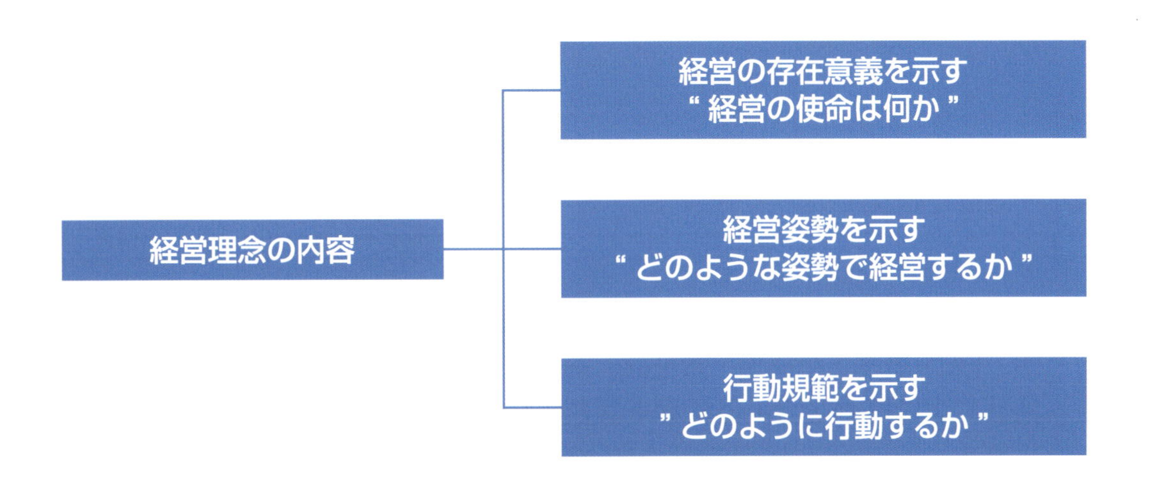

図Ⅰ－３　経営理念の内容

１）経営理念の具体例

集落営農を含む農業法人においても経営理念を策定している事例は多い。

では、実際にどのような経営理念が策定されているのか？　以下に、農業法人における経営理念の具体例を紹介する（表Ⅰ－１）。

例えば、「経営の存在意義」を示すものとしては、『集落の農地を次代につなぐ』『地域に元気、社員に笑顔、社会にみどりの風を』などがある。

「経営に対する姿勢」を示すものとしては、『人の輪と集落の輪』『一集落一家族』などがある。その他にも、行動規範を示すタイプの経営理念もある。

このように、経営理念の内容は、それぞれの経営によって多種多様であるが、重要なことは、①構成員全体で話し合いをしながら経営理念を策定すること、②経営理念を構成員にわかりやすく伝えられるように、キャッチフレーズのような形で整理・明文化していくことである。

経営理念を策定することで、経営の存在意義や経営に対する姿勢などが明確となり、集落営農に対する構成員の意識統一や貢献意欲の向上などの効果を期待できる。

表Ｉ－１　農業法人における経営理念の例

分　類	経営理念の具体例	意　味
存在意義	集落の農地を次代につなぐ	集落の構成員が力を合わせ、集落の農地を次代に継承する
存在意義	地域に元気、社員に笑顔、社会にみどりの風を	①地域に元気＝地域貢献できる仕事を行う、②社員に笑顔＝社員が仕事を通して自己実現を図る場となる、③社会にみどりの風を＝農業を通して地域社会に新しい価値を提供する
経営姿勢	人の輪と集落の和	集落の若者、高齢者、女性も含め、それぞれの立場から参加できる集落営農を展開することで、人の輪と地域の和を育む
経営姿勢	一集落一家族	集落営農をとおして、集落の農地を維持するだけでなく、集落内の人間関係を円滑にして、集落の連帯感を高めていく
行動規範	地域農業の発展こそ農場の繁栄と心得、「和・誠実・積極性・責任感」を持って世に感動を与える仕事を実践します	地域との協調・共生を基本理念に、米づくりのプロとして地域農業の手本となる仕事の実践を目指す。そのために、「和・誠実・積極性・責任感」を持って行動する

２）経営理念の策定方法

では、実際に経営理念をどのように策定すればいいのか？　以下に、経営理念を検討する際の手順や検討のポイントについて説明する。

経営理念を検討する際の手順として、特に定まった手順はないが、構成員の参画を得ながら検討することが重要である。といっても、話し合いの最初の段階から構成員全体で検討して、経営理念を取りまとめていくことは容易ではない。このため、経営理念の策定は、①役員内で意見を出し合いながら経営理念の原案を整理する→②役員内で検討した原案をもとに構成員とともに検討、決定するといった手順で行われることが多い。

また、経営理念の検討に際しては、参加者からの意見を引き出しながらまとめていくことが重要である。しかし、「いきなり経営理念は何か？」と問いかけてみても、参加者から意見が出てこないことも多い。そのため、経営理念の検討に際しては、経営理念について漠然と話し合うのではなく、具体的なテーマを設定して話し合うことが望ましい。

具体的なテーマの例としては、①「集落営農を通して実現したいことは何か？」、②「10年後こうなっていればいいという集落営農の姿」などがある。このようなテーマを設定して、それぞれの想いや考えを出し合いながら検討していくことが望ましい。

なお、経営理念は、最初から、納得のいく文言やキャッチフレーズとしてまとめることができないことも多い。まずは、組織内で話し合いの場を設定し、その結果を、経営理念として仮置きして取りまとめていくという姿勢で始めていくとよい。

３．経営方針を策定する

１）経営方針策定のポイント

経営方針は、経営を行うに際して当面取り組む活動の方向性を明文化したもの（＝経営の道しるべ）であり、前述の経営理念を実際の経営の取り組みに沿う形で具体化したものであるといえる。

例えば、「集落の農地は集落で守る」という経営理念を策定した場合、その経営理念に沿って、「実際の集落営農の中でどのような取り組みを行っていくのか？」を明示したものが経営方針である。経営方針を策定して、今後の集落営農の方向性を明確にすることで、構成員の組織運営に対する共通認識と意識統一を図ることが期待できる。

集落営農における経営方針を検討する際には、集落営農と密接に関わる「構成員」「農地」「農村生活」の３つの視点から考えておくことが重要である。

具体的には、①「構成員は集落営農の運営にどのように関わるのか？」、②「集落営農は集落の農地管理をどのように行うのか？」、③「集落営農は、集落の農村生活にどのように関わるのか？」である。これらの方針は、集落営農の状況に応じて一様ではなく、それぞれの集落の状況に応じた経営方針を検討することが求められる。

“経営方針を検討する際の３つの視点”

□構成員：構成員は集落営農の運営にどのように関わるのか？
→構成員の役割分担、出役の方針、幅広い世代の参画など

□農地：集落営農は、集落の農地管理をどのように行うのか？
→集落営農の形態（協業、作業受託など）、生産の方向性など

□農村生活：集落営農は、集落の農村生活にどのように関わるのか？
→園芸、加工、住民交流などへの取り組みの有無および方針など

２）取り組み事例

Ｙ法人では、前述（６頁参照）の構成員アンケート調査結果をもとに、役員および若者、女性が参加した座談会を開催し、上記の３つの視点から経営方針を検討した。その結果、以下の経営方針を策定した（図Ⅰ－４）。

まず、経営の基本方針として、「安定的に継続できる組織の運営体制を確立する」ために、“継続できる組織運営体制の整備”“採算性を確保できる組織運営”を掲げた。

そして、そのための方針として、①「構成員は集落営農の運営にどのように関わるのか？」については、「構成員全員で協力しながら営農体制を作ります」「若い世代や女性が参加しやすい体制を作ります」、②「集落営農は、集落の農地管理をどのように行うのか？」については、「生産性向上を目指して作業精度や栽培管理の向上に努めます」、③「集落営農は、集落の農村生活にどのように関わるのか？」については、「みんなで楽しくをモットーに幅広い世代が参画して交流できる取り組みを進めます」を定めた。

このように経営方針を策定することで、今後の経営の方向性が明確となり、集落営農に対する構成員の共通認識と意識統一が図れるなどの効果を期待できる。

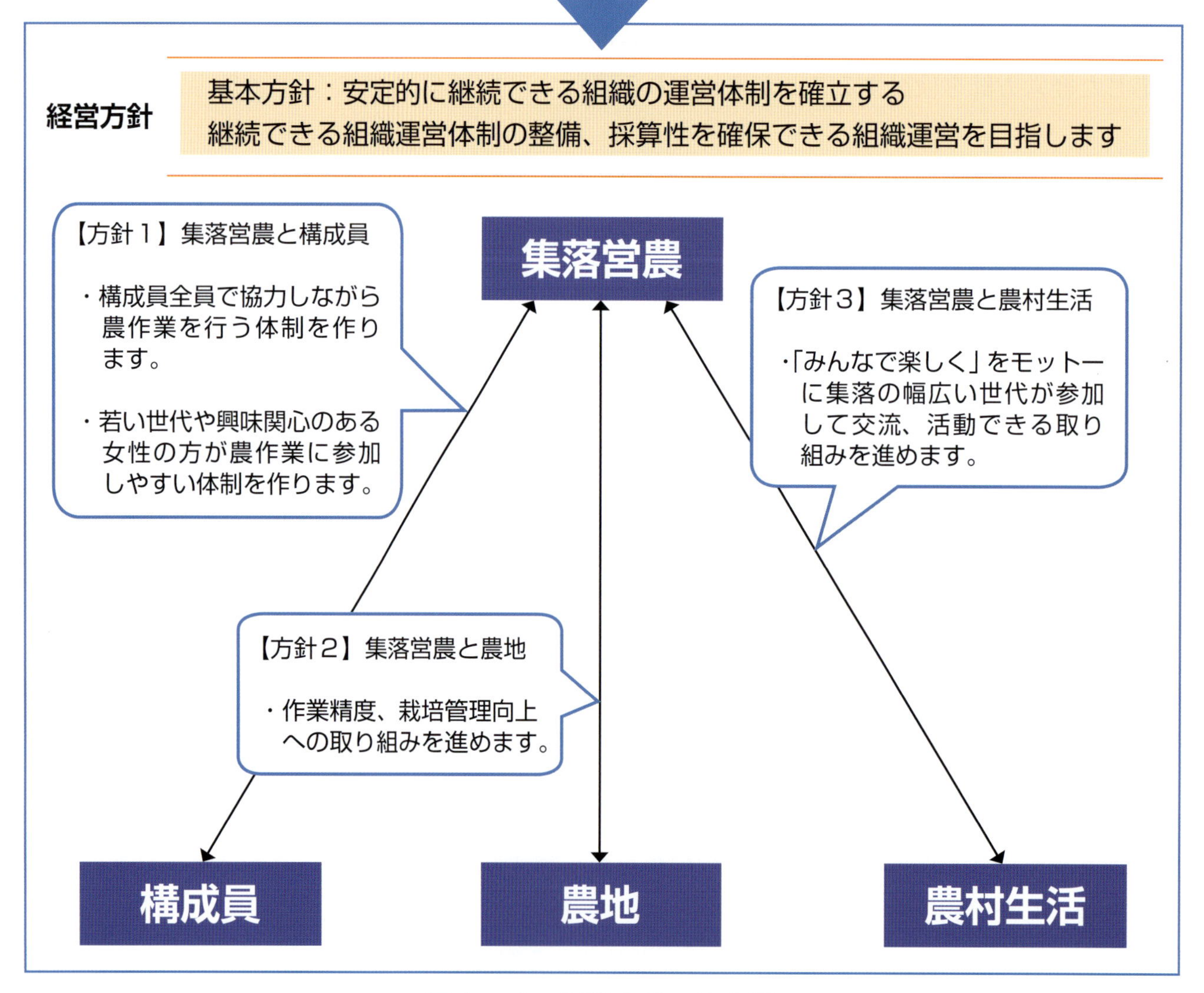

図Ⅰ－４　経営方針の策定例

４．経営理念・経営方針を浸透させる

前項で紹介したとおり経営理念・経営方針は、集落営農における組織運営のよりどころとして重要な役割を果たす。しかし、これらが組織運営上の効果を発揮するためには、経営理念や経営方針を構成員全体に浸透させることが前提となる。

経営理念・経営方針は策定することが目的ではなく、策定した経営理念・経営方針を構成員全体で共有することが重要である。

しかし、経営理念・経営方針は、一度、構成員に説明すれば伝わるものではなく、時間の経過とともに薄れていくことも多い。このため、経営理念·経営方針を浸透させていくためには、「目で伝える」「耳で伝える」などの様々な方法で、構成員に繰り返し伝えていくなど粘り強い取り組みが求められる（図Ⅰ－５）。

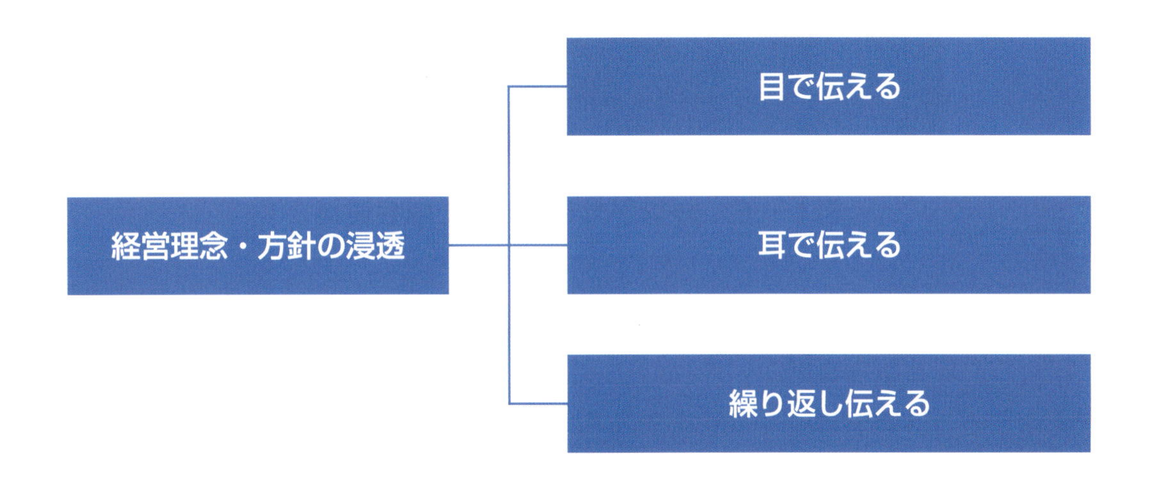

図Ⅰ－５　経営理念・経営方針の浸透方策

１）「目で伝える」取り組み事例

「目で伝える」とは、経営理念・経営方針を構成員の目に触れる機会を増やす取り組みであり、総会資料、機関誌などに経営理念や経営方針を掲載するなどの方法がある。

例えば、Ｓ法人では、定期的に発行している集落営農機関誌や総会資料の表紙に、経営理念である「人の輪と集落の和」を掲載することで、経営理念が構成員の目に触れる機会を意識的に設けている（図Ⅰ－６）。

この他にも、「目で伝える」方法としては、経営理念を記載した看板を作成し圃場に設置している事例、経営理念を印刷した張り紙を農舎や事務所に掲示している事例などもある。

図Ｉ－６　経営理念を記載した総会資料

２）「耳で伝える」取り組み事例

「耳で伝える」とは、経営理念や経営方針を構成員が耳にする機会を増やしていく取り組みであり、総会や役員会など構成員が集まる場でリーダーが経営理念や経営方針を繰り返し伝えていくなどの方法がある。

例えば、Ｎ法人のリーダーは、総会や役員会を行う際に、経営理念や経営方針について話す時間を設けるように心がけて、その時々に具体的なエピソードを交えながら、参加者にわかりやすい内容で繰り返し伝えるよう工夫している。

この他にも、前述のとおり、経営理念・経営方針の策定段階から構成員の意見を聞くことが重要である。Ｙ法人では、経営方針を策定する際、構成員の考えをアンケートで把握するとともに、座談会を開催して、幅広い構成員（世帯主、後継者、女性など）と意見交換を行っている。このような機会をとおして、組織全体で経営方針について考えることで、構成員の経営方針に対する理解が深まる、関心が高まるなどの効果が期待できる。

以上のとおり、経営理念や経営方針を浸透させるためには様々な方法があり、構成員とのコミュニケーションを大切にして、粘り強く取り組んでいくことが求められる。

第３節　役員の負担を減らす

多くの構成員が参画して農業経営が行われる集落営農組織では、役員が組織運営の中心的な役割を果たしている。しかし、集落営農組織の中には、「役員になると会議が多くて負担になる」「役員を長期間務めていて、なかなか次の役員の候補者（なり手）がいない」などの問題点を指摘する声が多く聞かれる。なかには、設立当初の役員が現在でも同じポストを務め、役員の固定化と高齢化が進んでいる事例も見られる。

このような集落営農組織における役員の過度な負担や長期にわたる固定化は、組織の継続性に影響を及ぼすものであり、これらの課題解決に向けた主体的な対応が求められる。

以下では、役員の負担軽減を図るための対応策として、「役員業務の見える化」「役員体制の工夫」を取り上げて、実践事例や取り組み方法を交えながら解説する（図Ⅰ－７）。

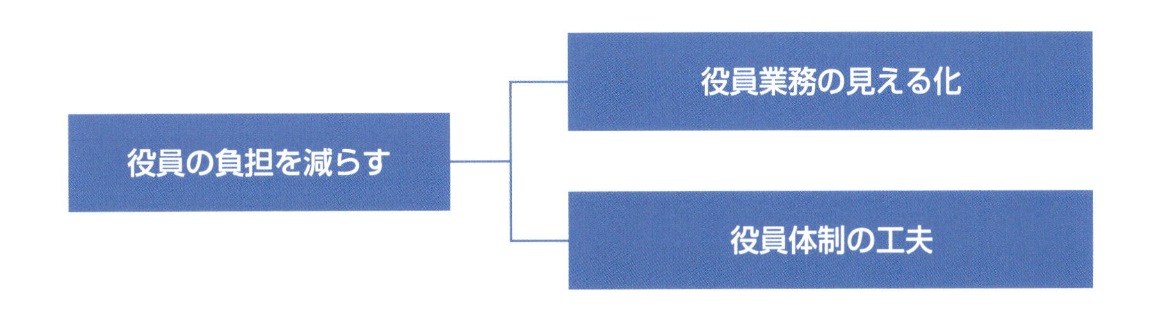

図Ⅰ－７　役員の負担軽減のポイント

１．役員業務の見える化

集落営農組織の役員は、作業の人員計画から段取り、資材購入、経理、補助金申請など組織運営を支える様々な業務を担っており、これらの業務内容を短時間で理解することは容易ではない。

このため、集落営農組織における役員業務の負担を軽減するためには、まず第一に「役員業務の見える化」への取り組みが求められる。役員業務の見える化とは、役員の業務内容や手順・方法を誰もがわかるようにすることで、役員業務の負担軽減を図ろうとするものである。役員業務の見える化の方法として、役員の業務内容の明確化、役員業務の定型化･ルール化などがある（図Ⅰ－８）。

役員業務を見える化することで、①役員の業務に対する責任と権限の範囲（＝持ち場・守備範囲）が明確になる、②少人数で短時間での意思決定により効率的な組織運営が可能となる－など役員の業務負担軽減への効果を期待できる。

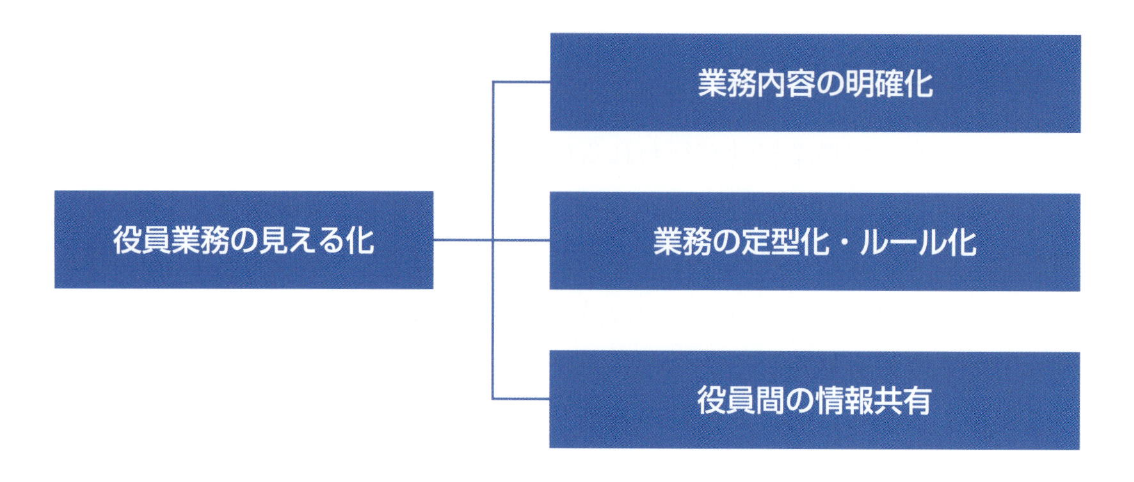

図Ⅰ－８　役員業務の見える化のポイント

１）役員の業務内容の明確化

企業や官公庁などの組織では、構成員が能力に応じて適切に役割を分担するために、業務内容と担当者などを明記した業務分担表を作成することが一般的である。役員の業務内容の明確化とは、役員の業務内容や分担を整理して、誰もが理解できるように明示する取り組みである。

実際の集落営農においても、役員の業務内容を誰もが理解できる資料（「業務分担」「業務分掌」「役員業務一覧表」など）を作成して、役員の業務内容を明示している事例が見られる。

Ｓ法人では、「役員業務分掌」を作成し、代表理事、理事副組合長、理事部長等の役職別にそれぞれが担当する職務を明記している。例えば、理事・部長の企画・管理担当では「経営計画の作成」「官公庁届出・提出書類作成管理」など10項目、理事・部長の営業担当では「タイムリーな販売（生産）計画の作成」「業販バイヤーとの折衝」など10項目の職務内容が記載されている（図Ⅰ－９）。

このようにＳ法人では、「役員業務分掌」に役員それぞれの職務内容を明記した業務分担表を作成することで、誰がどの業務を担っているかが明確となり、役員同士での意思疎通が図れるとともに、業務の連携などの円滑化に努めている。

役　員　業　務　分　掌

平成21年3月1日作成

代表理事	理事　副組合長 60～65	理事　部長 60	執行役員　副部長 55
	【総務(組合長代行)】 《総務部門統括》 ①法人組織・内部管理全般 ②行政庁対応 ③流通関係団体・組織対応 ④農用地利用改善団体対応 ⑤構成員(組合員)対応 ⑥来視・派遣対応 ⑦納税協会対応	【企画・管理(副組合長代行)】 《企画・管理部門統括と後継者育成》 ①経営計画の作成と業務分析 ②官公庁届出・提出書類等作成管理 ③交付金・助成金・拠出金対処事務 ④農用地利用改善団体との連携 ⑤甲賀市農業委員会＝利用権設定 ⑥監査役対応＝業務報告等 ⑦JA・政策金融公庫等との折衝 ⑧公印管理 ⑨全事業進捗管理・分析 ⑩理事会開催(経営分析-進捗報告)	【経理担当(部長代行)】 《資金管理と収支処理》 ①資産・負債の管理と決算処理 ②資金計画の起案と月次分析 ③税務事務所(税理士)対応 ④月次、資金繰状況⇒理事会報告
			【総務担当】 《業務企画・教育・人事・広報対応》 ①事業計画・研修計画・業務改善の起案と分析 ②重要書類・各種契約書等保管 ③労災・保険・広報・備品管理 ④総会・理事会対応(資料作成含む)
		【営業】 《営業部門統括と後継者育成》 ①タイムリーな販売(生産)計画の作成 ②業販バイヤーとの折衝 ③販促グッズの開発と作製 ④加工・直販(メール)施策検討 ⑤広告・宣伝・ホームページ等企画 ⑥穀類・野菜の販売方法・体制起案 ⑦異業種交流マッチングサービスへの参画 ⑧流通関係団体・組織との連携 ⑨販売に関わる契約・請求・回収等管理 ⑩営業(売上)進捗管理(予実管理)	【穀類担当(部長代行)】 《穀類に関わる営業活動全般》 ①マーケット動向の把握 ②穀類販売(生産)計画の起案 ③販促グッズの作製と販路開拓 ④進捗状況管理⇒理事会報告
【組合長】 《全般統括》 ①対外対応全般 ②法人協会対応 ③構成員(組合員)対応 ④来視・派遣対応 ⑤理事会議長			【野業担当】 《野菜・特産品に関わる営業活動全般》 ①マーケット動向の把握(特に特産物) ②野菜(特産)販売(生産)計画の起案 ③販促グッズの開発と販促企画の起案 ④進捗状況(各グループ)管理⇒理事会報告
	【営農】 《営農部門総括》 ①営農関係団体・組織対応	【生産(副組合長代行)】 《生産部門統括と後継者育成》 ①生産計画の作成と業務分析	【労務担当(部長代行)】 《作業計画に基づく労務管理》 ①OPグループとの出役労務調整

図Ｉ－９　Ｓ法人の「役員業務分掌」

なお、役員業務分担表を作成するためには、役員の業務内容を抽出して整理することが必要である。そのための手順を図Ｉ－10に示す。

このように、役員業務分担表の作成に際しては、役員が担当する業務を漏れなくダブりなく抽出し、部門別や機能別などにグルーピングしながら整理していくことなどがポイントである。

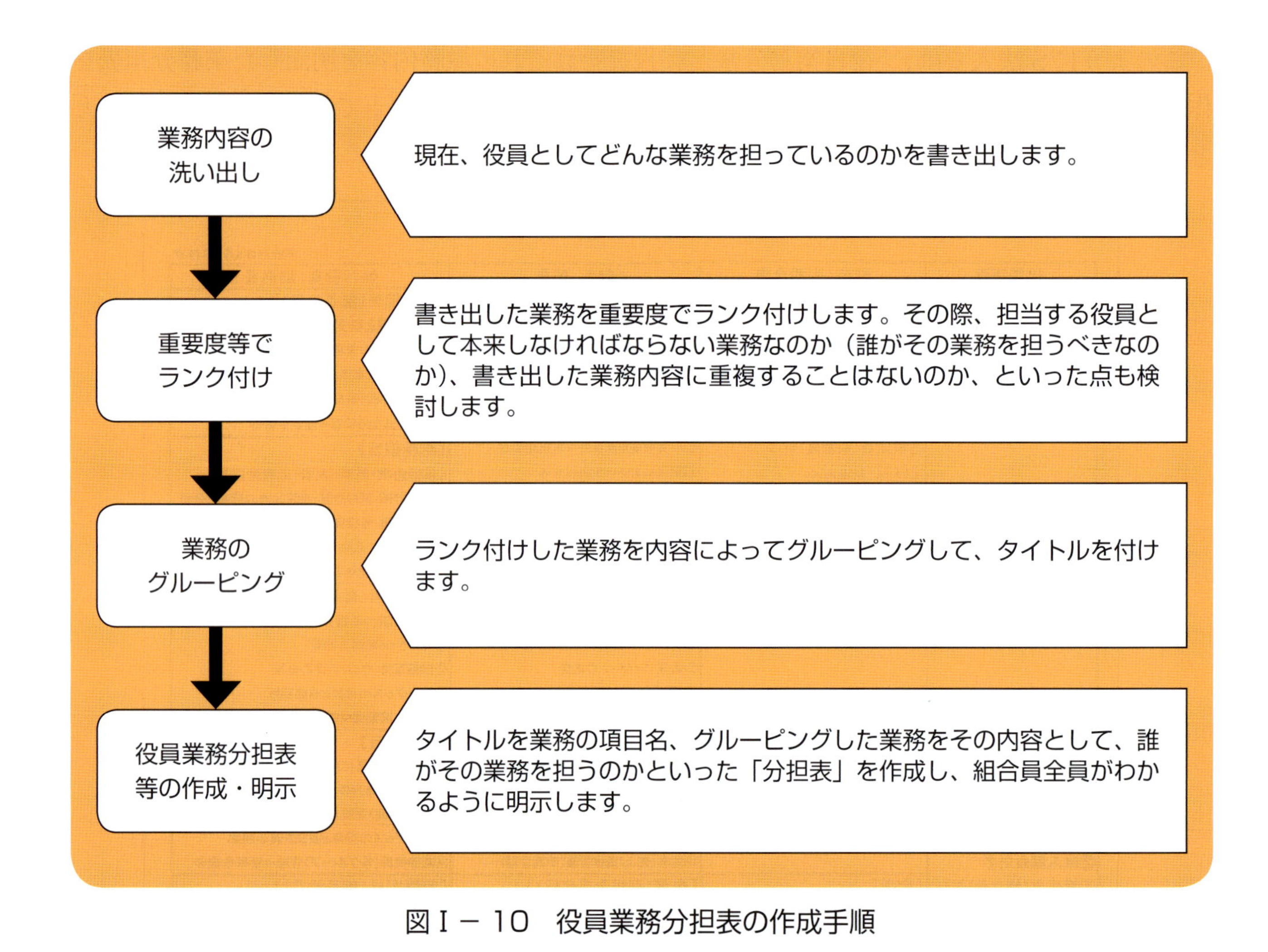

図Ⅰ－10　役員業務分担表の作成手順

２）役員業務の定型化・ルール化

役員業務の定型化・ルール化とは、役員業務の手順や方法を明示、ルール化することで、役員の負担軽減と組織運営の円滑化を図ろうとするものである。そのための方法として、業務内容の明示、業務の工夫などによる方法がある。

①業務内容の明示

役員の業務内容は、農作業や補助金の申請など時期に応じて様々な業務が存在する。

そのため、役員業務を円滑に実施するためには、年間を通じて時期別の業務内容を整理しておくことが望まれる。時期別に役員の業務内容を整理することで、担当者の役員業務に対する理解促進、業務の引き継ぎの円滑化などへの効果を期待できる。

Ｎ法人では、役員業務の内容を時期別に整理した一覧表を作成している。例えば、「生産・労務部」の一覧表では、２月の業務について、①共通事項として「春（水稲）作業への配置準備」「圃場看板の設置」、②水稲作業として「温湯消毒（品種・量）申込」「種子・播種・育苗関係の準備計画」など、月別の業務内容が具体的に記載されている。このようにＮ法人では、時期別に役員の業務内容を整理することで、誰もが役員の業務内容を理解できるようにし、役員業務の円滑化と負担軽減に努めている（図Ⅰ－11）。

生産・労務部　基幹的作業

	共通	詳細及び実行すべき事項	水稲(移植・直播・飼料)	詳細及び実行すべき事項
1月	＊種々の提出書類に必要基礎データと	＊作付明細には諸手続きに必要事項の	ほ場準備作業計画の作成	堆肥施用・畦回り施工・耕運・畝立て
	して作物・品種・栽培方式別収穫量を	大字・小字・地番・営農No・台帳面積	苗(発芽・緑化・硬化)申込提出	
	把握して置く事。	のm²・共済面積のaを記載の事		
2月	春(水稲)作業への配置準備	農舎及び周辺の秋作業の整理始末	温湯消毒(品種・量)申込	
	＊環境こだわり看板・ほ場看板の設置	出入りほ場の撤収・設置・補修	種子・播種・育苗関係の準備計画	温湯消毒の種子仕訳、
				播種・育苗に関する資材・機材等の準備
3月	こだわり各作物の生産計画書確定提出	環境こだわり要件内における肥料・農薬	当年産米出荷申出と出荷契約書提出	
	(作物・品種・栽培方式別)	の成分基準を満たす事	麦あと水稲苗(緑化・硬化)申込	
	共済細目書・異動申告	水稲・麦・大豆・馬鈴薯・小豆等の	直播コーティング計画	浸種・コウテング等の準備
	(受託・交換・一時受託等)	一毛作・二毛作作物全て記載	育苗・水管理者の準備	管理者依頼と事前打ち合わせ
	＊備考欄には受け先・出し先記載の事			(打合せ時手袋等の粗品準備)
	戸別所得補償制度加入関係書類提出			
4月	＊草刈り委託手配・ほ場確定	草刈りほ場一覧の作成・機器の整備	出荷紙袋(印刷)フレコン申込提出	収穫の自家調製分でJA出荷分の数量
		機器及び帳票・委託一覧の提示		(自家調製収穫見込み—飯用米)で検討
			育苗ハウスの保守及び使用準備	(除草・均平・噴霧口給水確認)
				(育苗有穴シート・健苗シートの準備)
			荒こなし・植付・直播関係計画	田植時資材・農具の整理準備

図Ｉ－11　Ｎ法人の「基幹的作業」

②業務の工夫：会計管理票

役員業務の中には、会計業務など専門的な知識が要求される業務もあり、これらの業務に際しては、専門的な知識をもつ人材を配置するなどの対応が行われることが多い。しかし、専門的な知識が要求される業務においても、業務の手順や方法を工夫することで、専門的知識がない人材でも担当役員として業務を遂行することが可能となる。

例えば、G法人では、会計業務の定型化に取り組み、誰もが会計業務を担当できるように工夫している。G法人では、組織設立後、数年間は会計知識のある人材が会計業務を担当し、その中で、「会計管理票」等の統一様式を作成するとともに、「会計管理票」を活用して会計書類を記録・蓄積できる方法を確立し、会計知識が十分でない人材でも経理業務が担当できる体制を構築している。

「会計管理票」はA4サイズの大きさで、下半分に領収書を貼り付け、「摘要」欄には「いつ、どこへ、いくら、何の代金を」といった情報をできるだけ詳しく記載するようにしている。そして、簿記ソフト入力後は「入力済」とのゴム印を押印するとともに、現金支出が必要な場合は、構成員が立て替え、後日清算するといったルールに基づき経理業務を行っている（図Ｉ－12）。

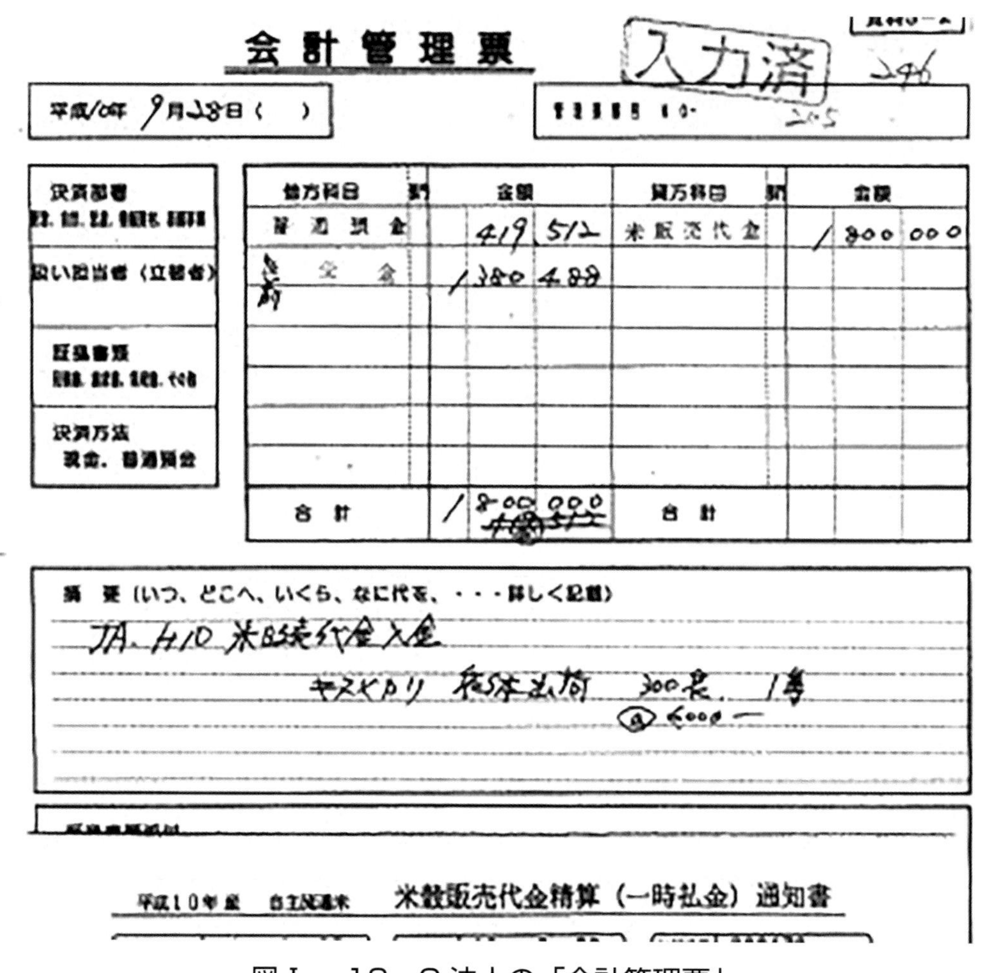

会計管理票　入力済

平成10年　9月28日（　）

決済部署

支払い担当者（立替者）

証憑書類

決済方法　現金、普通預金

借方科目	金額	貸方科目	金額
普通預金	419,512	米販売代金	1,800,000
未収金	1,380,488		
合計	1,800,000	合計	

摘要（いつ、どこへ、いくら、なに代を、・・・詳しく記載）

JA H10 米販売代金入金

キヌヒカリ　300袋　1等

@6000－

平成10年産　自主流通米　米穀販売代金精算（一時払金）通知書

図Ｉ－12　Ｇ法人の「会計管理票」

③業務の工夫：作業の人員計画および作業指示

集落営農組織における作業は、①担当役員が組合員に対して出役希望を聞く→②労務担当役員が人員計画を作成する→③作業当日に生産担当役員が作業内容を指示する－といった手順で行われることが多い。しかし、構成員の都合等により当初の人員計画にズレが生じ、その再調整を役員が行わなければならないケースや特定の役員が毎日の作業指示を担当するなど、役員の業務負担につながっていることも多い。

こうした問題に対処するためにＧ法人では、役割分担や出役に関するルールを設けるなどの工夫を行っている。具体的には、作業の人員計画は担当役員が作成しているが、日々の農作業では、作業指示・監督を行う構成員を「責任者」として１名配置するとともに、構成員の都合による作業日の変更は構成員間で調整を行うなどのルールを定めている。これにより、作業の指示・監督や作業人員の調整などに関わる役員業務の負担を軽減できるように努めている（図Ｉ－13）。

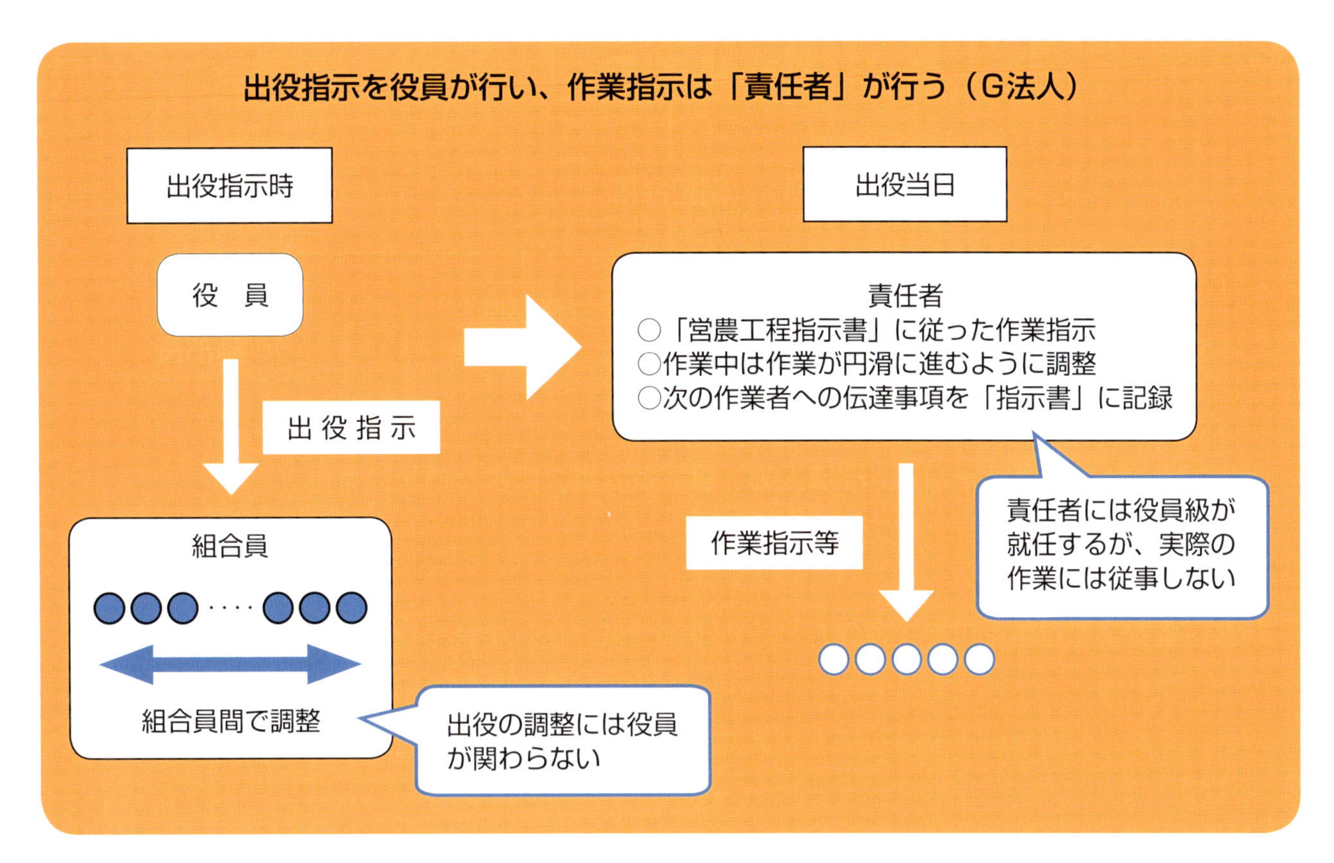

図Ⅰ－13　G法人の出役に関するルール

3）運営体制の工夫

集落営農組織の運営は、構成員の意見・意向をくみ上げ、複数の役員の合議で運営される。このため、集落営農の組織運営では、意思決定に時間を要し、役員間の調整に伴う負担や精神的な苦労などが役員の負担につながることも多い。

こうした問題に対処するために、H法人では、組織内での情報共有をすすめ、与えられた役割に応じて業務を円滑に実施できるように工夫している。

具体的には、H法人では、組合長、副組合長および各部の正副部長が参画する管理者会議を月１回程度開催し、生育や作業の状況について情報共有を図りながら、翌月以降の作業計画を検討している。情報共有に際しては、作業の進捗状況や今後の作業予定を記載した「大日程表」（詳細は第２章第２節１を参照）を活用するなどの工夫をしながら、管理者会議の結果に基づいて、役員がそれぞれの担当業務を円滑に実施できるようにしている（図Ⅰ－14）。

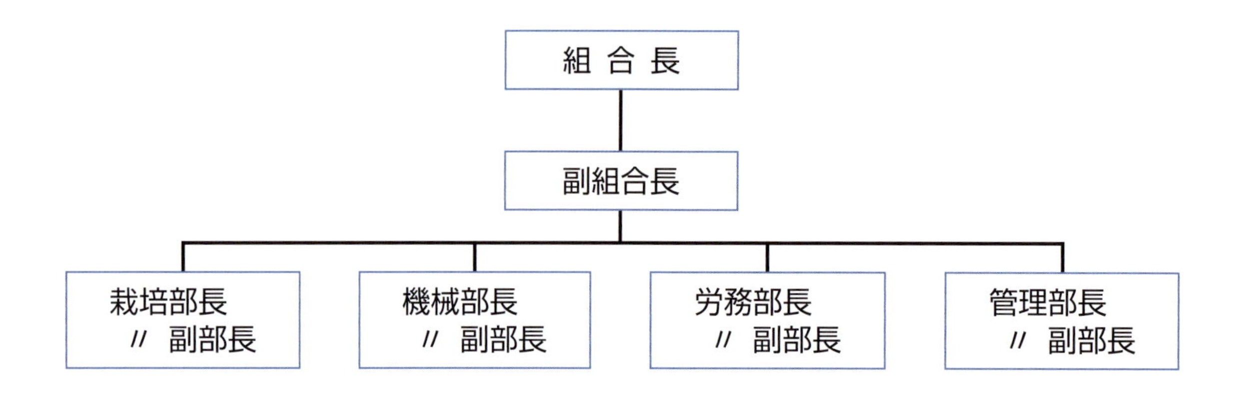

図Ⅰ－14　Ｈ法人の「管理者会議」による情報共有化

なお、集落営農組織を円滑に運営している事例では、役員業務の役割分担と担当者を明確にした上で、役員間で、①経営方針および情報の共有化、②役員業務の明確化・定型化などの工夫が行われ、これらの取り組みを通して少人数で迅速な意思決定が行われている点に特徴がある（図Ⅰ－15）。

こうした体制を構築するためには、組織の「決まり事」は明記して構成員全体に周知するとともに、「役員の仕事は役員に任せる」という意識の醸成が基本となる。

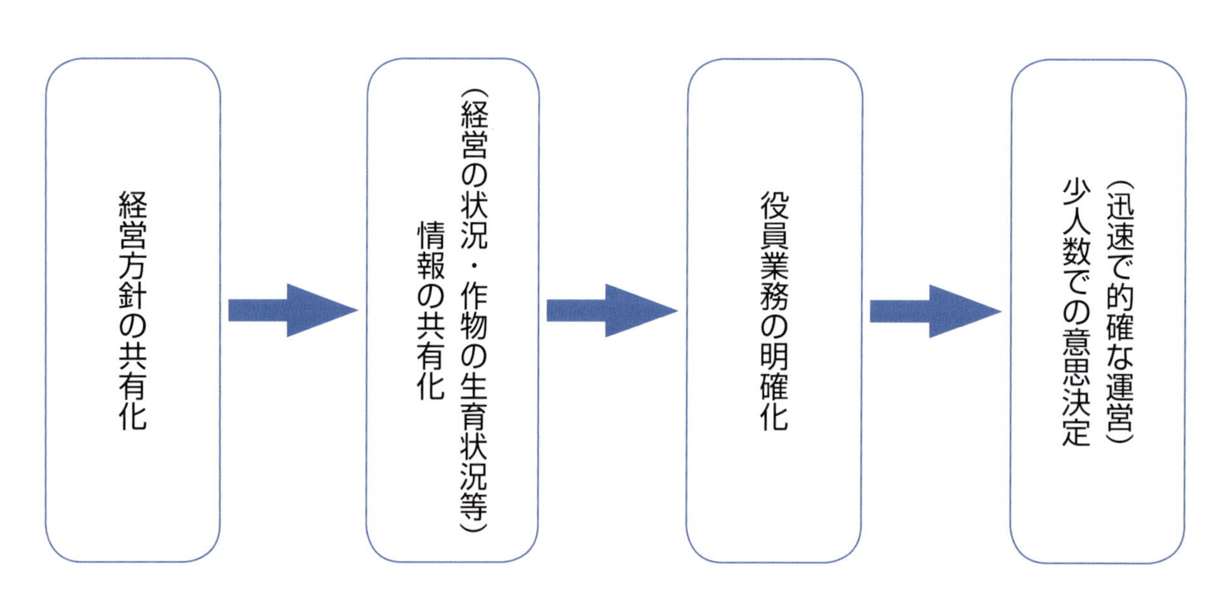

図Ⅰ－15　少人数での意思決定

２．役員体制の工夫

役員が固定化し、長期にわたり役員交代がないことは、組織運営の安定化という面では効果がある一方、「世代交代が進まない」など組織の継続性の面での問題に波及することが懸念される。このため、集落営農の運営に際しては、次の世代を担う役員を育てるための主体的な取り組みが求められる。

この場合の対応策として、①世代交代のルール化、②継続性を考慮した役員体制の構築、③引き継ぎの円滑化－などについて工夫することがポイントとなる（図Ｉ－16）。

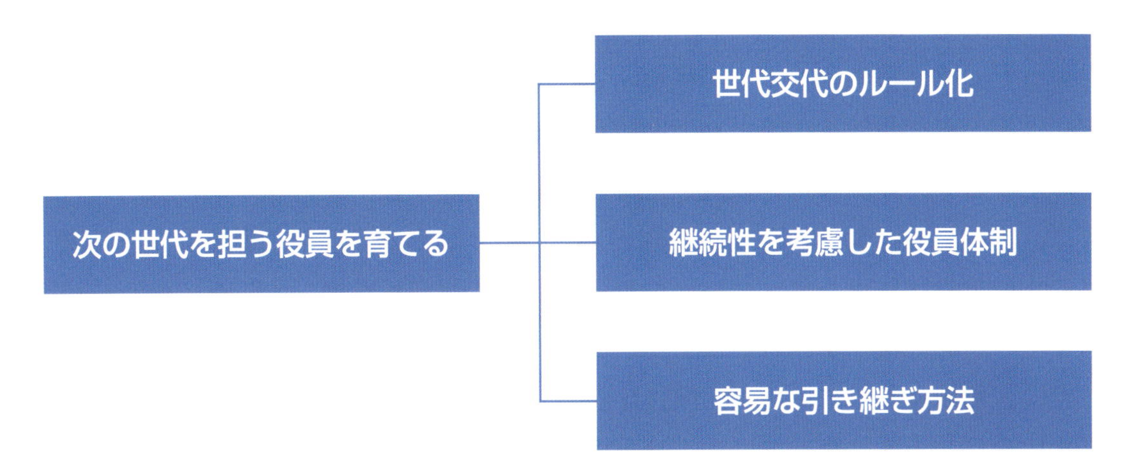

図Ｉ―16　次世代の役員を育てるポイント

1）世代交代のルール化

世代交代のルール化とは、役員の定年を設けるなどのルールにより役員の世代交代を進めていこうとするものである。世代交代のルール化を行うことで、構成員の中に次の世代の役員を計画的に育てていこうとする意識付けが可能となるとともに、役員任せにならない雰囲気づくりにつながるなどの効果を期待できる。

Ｓ法人では、農業経営を取り巻く環境が厳しさを増す中、「これからの農業経営は楽なものではなく、役員は隠居仕事ではできない」との認識のもと、集落営農組織内での合意を得て役員の65歳定年制を採用することで、次の世代を担う役員の育成に努めている。Ｓ法人における定年制導入に際しては、65歳以上の構成員を対象とした年齢別組織（詳細は**第１章第４節２**を参照）を設け、役員を退いた65歳以降も、組織内で活躍できる場を提供し、組織運営に対する貢献意欲向上に努めている（図Ｉ－17）。

なお、役員の定年制を設ける場合、ただ単に定年ルールを設けるだけでなく、役員業務についてのOJTなどのサポートを強化するとともに、若者の参画を促すための仕組みを併用しながら取り組んでいくことが重要である。

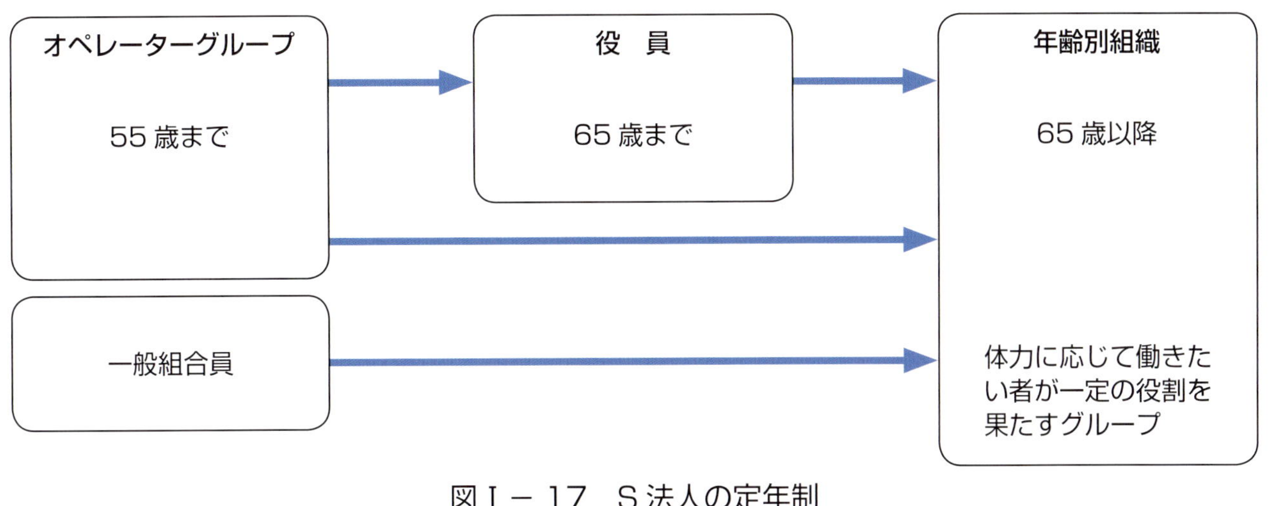

図Ｉ－17　Ｓ法人の定年制

２）継続性を考慮した役員体制

役員は、集落営農における組織運営の要として重要な役割を果たしているが、役員の交代により運営方針が異なると、組織運営の混乱を招くこととなる。こうした問題に対処するためには、継続性を考慮した組織運営の仕組みを構築するなどの対応が求められる。

例えば、G 法人では、役員の選出および組織の運営方法を工夫することで組織運営の継続性の確保に努めている。具体的には、役員の選出に際して、現役員が役員任期中に次期役員を指名するとともに、現役員と指名された次期役員をメンバーとする「経営拡大委員会」を設置し、同委員会の場で次期役員に経験を積ませながら育成していく体制を構築している。また、G 法人では、役員任期２年の中で、就任１年目の役員は、前役員から引き継ぎ・指導を受けながら業務を習得するとともに、任期２年目には、次期役員を指名して引き継ぎ・指導を行っている（図Ⅰ―18）。

なお、次期役員の指名に際しては、①リーダーシップがある人材、②営農知識を持っている人材、③若い人材－を選定するように努めている。

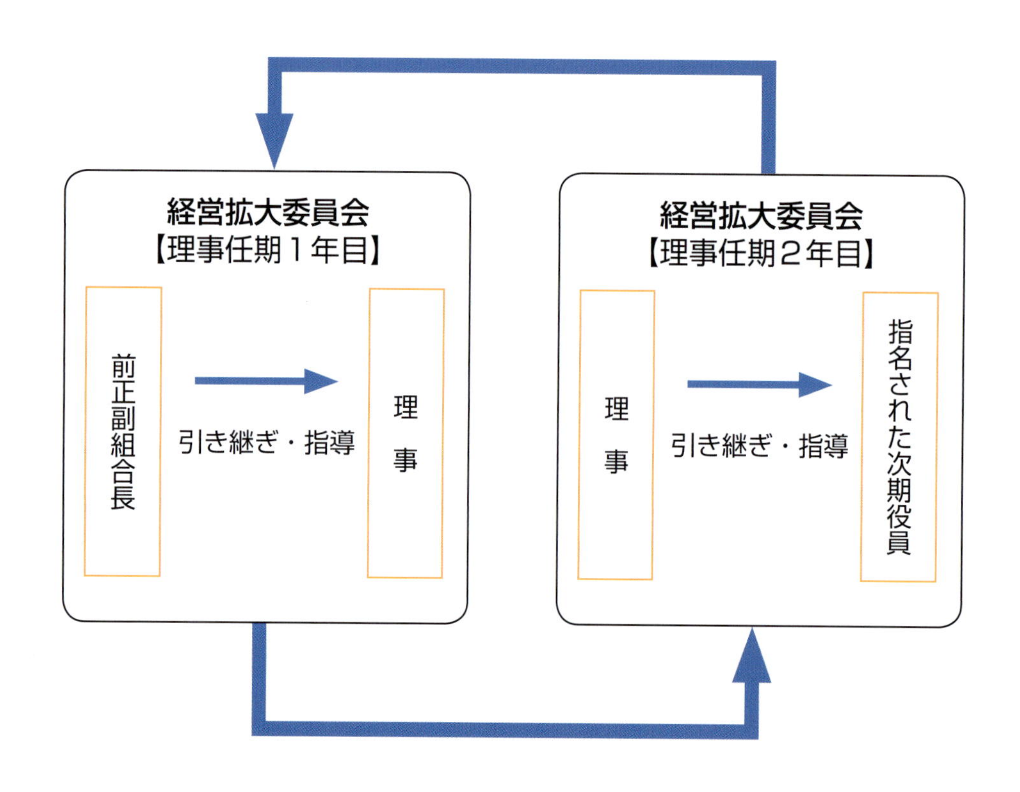

図Ⅰ－18　G 法人の「経営拡大委員会」

３）役員交替の工夫

M 法人では、役員交替に際して全ての役員が一斉に交替するのではなく、前期の役員の一部を再任する体制を採用している。これにより、役員業務の OJT による引き継ぎ・指導が可能となり、役員業務の円滑な継承を実現している。また、F 法人では、４年任期の役員体制の中で、前期までの役員が２年間（任期の半分）、現役員の業務をサポートする併走期間を設けている（図Ⅰ－19）。

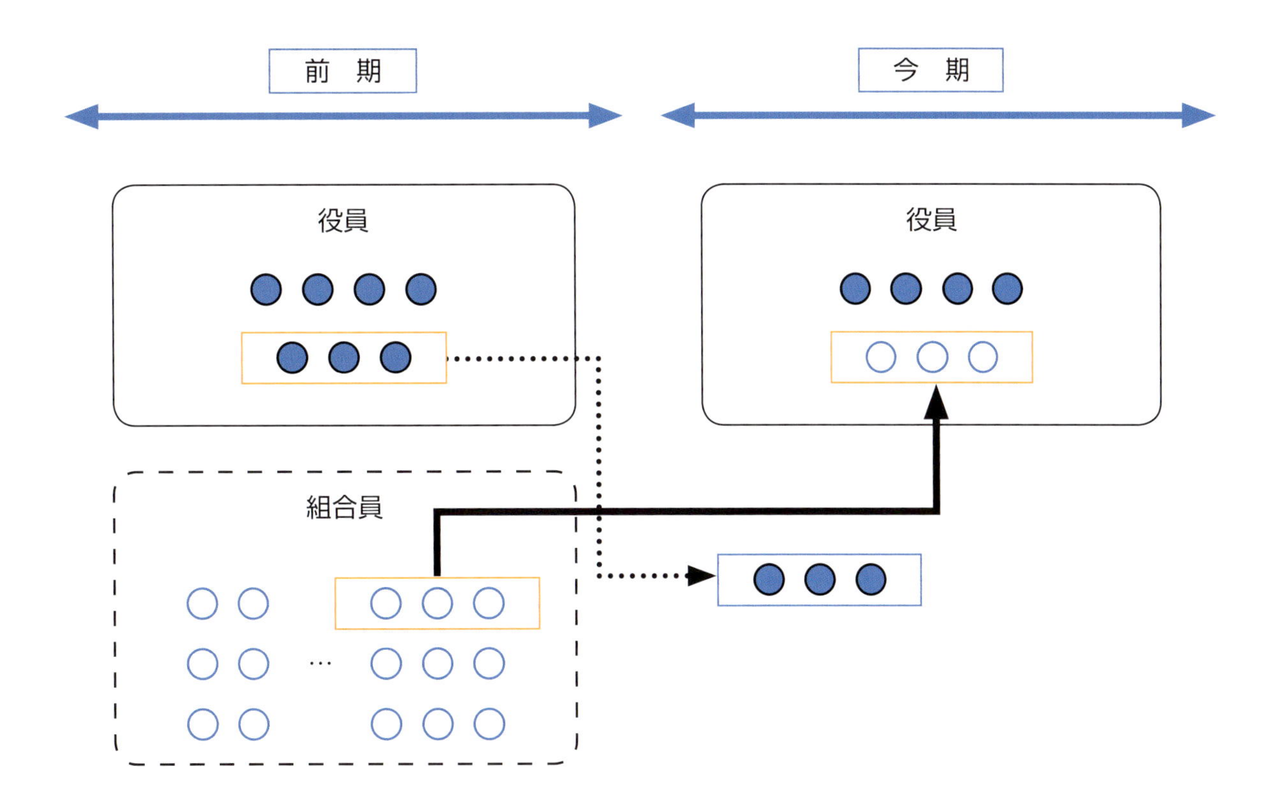

図Ⅰ－19　Ｆ法人・Ｍ法人の役員選出方法

4）役員経験を積ませる

次期役員に役員業務を学ばせたり経験させることで、役員業務の知識と理解が深まり、引き継ぎが容易になるとともに組織の継続性が高まることとなる。

前掲のＧ法人の「経営拡大委員会」は、前期の役員が新任の役員とともに、時間をかけながらOJTにより役員業務を学ばせる場となり、円滑な役員業務の継承を図っている。

また、Ｈ法人やＳ法人では、役員業務に関わる労務部･機械部等の各部に副部長のポストを設け、各部の業務を複数人が担当するようにしている。これにより多くの人員が役員業務に関わることで特定の役員に対する負担軽減につながるとともに、担当役員に急な所用が発生した場合にも円滑な対応が可能となっている（図Ⅰ－20）。

この他にも、役員がこれからの組織運営を担うべき構成員を役員として指名し、理事会等に出席させるといった対応をしているケースもある。

なお、Ｈ法人の組織図では上段が部長、下段が副部長を示しており、構成員が多い組織では副部長を複数人置くこともできるが、構成員が少数の場合は複数の副部長の設置は困難であることに留意する必要がある。

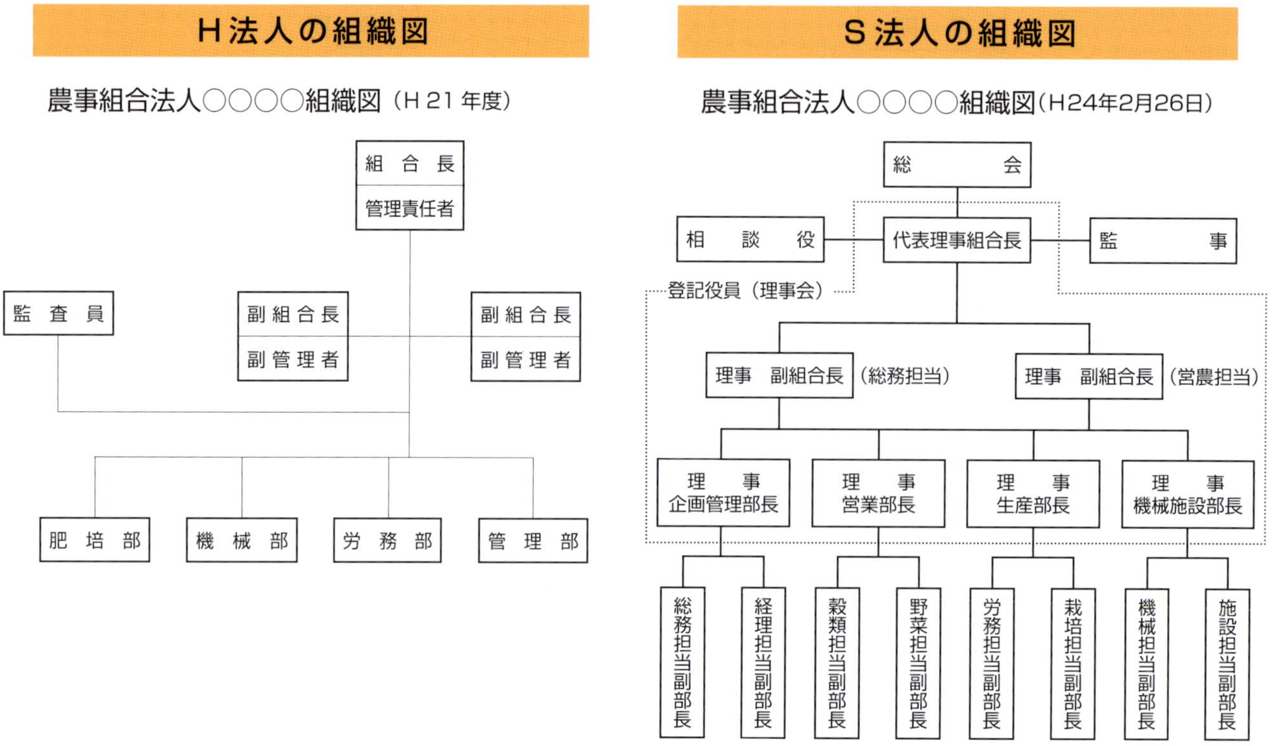

Ｈ法人の組織図
農事組合法人○○○○組織図（Ｈ21年度）
組合長
管理責任者
監査員
副組合長
副管理者
副組合長
副管理者
肥培部
機械部
労務部
管理部
Ｓ法人の組織図
農事組合法人○○○○組織図（H24年2月26日）
総会
相談役
代表理事組合長
監事
登記役員（理事会）
理事　副組合長（総務担当）
理事　副組合長（営農担当）
理事　企画管理部長
理事　営業部長
理事　生産部長
理事　機械施設部長
総務担当副部長
経理担当副部長
穀類担当副部長
野菜担当副部長
労務担当副部長
栽培担当副部長
機械担当副部長
施設担当副部長

図Ⅰ－20　Ｈ法人・Ｓ法人の組織図（副部長の設置）

第４節　構成員の参画意識を高める

集落営農設立後、年月が経過するとともに、「構成員が高齢化して作業に出役してもらえない」「構成員からの協力が得られなくなった」「集落営農に無関心な構成員が増えてきた」といった問題に直面する組織が多くみられる。

これは、役員が中心となり運営される集落営農の中で、役員任せの風潮が浸透し、構成員としての自覚が薄れていくことなどが大きな原因である。

こうした事態を防ぐためには、前掲のとおり、「経営理念や経営方針を策定して浸透させる」ことに加え、構成員の参画意識を高めるために積極的な働きかけを行っていくことが求められる。そのための方法としては、「構成員への情報発信」や「出役機会の提供」などの取り組みがある（図Ⅰ－21）。

構成員の参画意識向上
経営方針などの浸透
構成員への情報発信
出役機会の提供

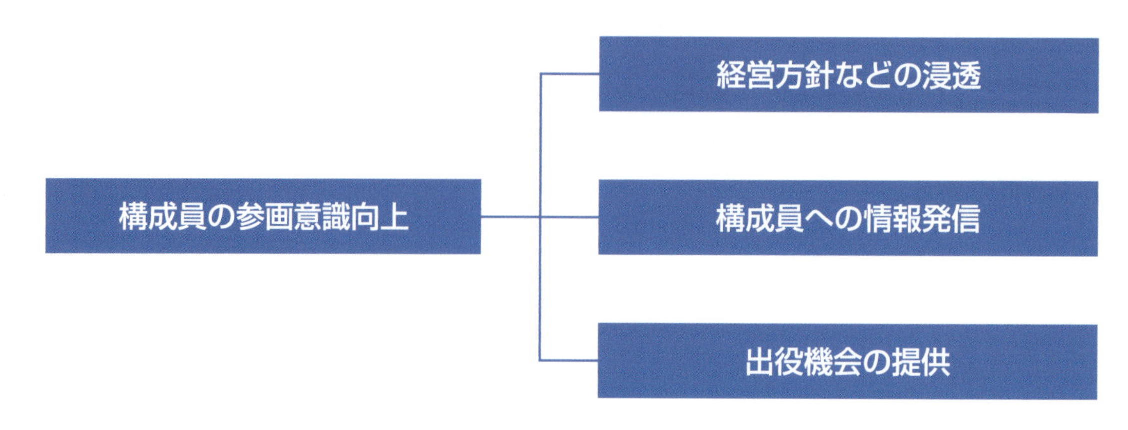

図Ⅰ－21　構成員の参画意識向上のためのアプローチ

１．構成員への情報発信

「構成員への情報発信」とは、集落営農の現状や今後の取り組みなどを情報発信することで、構成員の集落営農に対する興味・関心を高めようとするものである。具体的な取り組み方法としては、①集落営農の状況を周知するための機関誌の発行、②構成員全体が集まる場を設けるなどの方法がある。以下に取り組み事例を紹介する。

１）機関紙の発行

Ａ法人は、毎月１回、構成員向けに機関誌を発行し、集落営農に関わるトピックス（例：役員会での協議事項、作物の生育状況、農業政策の動きなど）を周知することで、構成員の集落営農や農業情勢に対する理解を深められるように工夫している（図Ⅰ－22、23）。

例えば、水田転作の状況や政策の変化などが紹介されている記事では、これらを読むことで、法人の運営状況や環境変化に対する理解を深めることができる。また、役員会（運営委員会）の検討内容が紹介されている記事では、これらを読むことで、役員会での協議内容や組織運営の課題などに対する理解を深めることができる。

えいのう通信　発行　農事組合法人
7月　2012　（第28号）

24年度第2回運営委員会

営農組合の本年度第2回運営委員会を、6月17日午後8時から、運営委員1人欠席のもと公民館で行う。議題は、①運営員会規定の検討、②5月までの事業報告、③直売所の使用料金の見直し以上3項目の検討事項について審議する。その他として、県道、市道のノリ面の草刈について区から県・市に要望お願いするよう話が出る。

直売所の組合員の生産者使用料を15%から12%に

3月の総会で要望が有った、組合員と非組合員の直売所の使用料金について委員会の中で検討……を、8月から組合員に限って12%とするように……いるPOSレジの関係で、1品毎の詳細を……なってくる。営農組合では、非常にソフト……今後のことも有り、何らかの形で明細を出せ……

えいのう通信　発行　農事組合法人
8月　2012　（第29号）

25年度春日地域水田転作地

平成15年度から伴谷地域で初めて集団転作を始め、10年が経過し11年目に入る。これには全て当地域の農家の協力に基ずくもので、営農組合の設立と継続の基礎となる。今日各地域で集落営農の設立を進めている所が多くあり、当組合にも年間数地域が先進地見学に訪れているのも、農業者の高齢化による担い手不足と、食料自給率の低下や不耕作地の拡大に依るものである。

農業者戸別所得補償制度が、平成22年度から始まったが、この制度に加入するには、地域内の水稲作付面積制限と云う高いハードルがあり、地域内の転作面積を守らなくてはならなく、面積把握のためにも集団転作は重要であると考えている。

また、農業者には環境保全型農業直接支払交付金制度もあり、昨年までの農地・水・環境保全対策事業に替わるものである。この制度は取組方……

図Ⅰ－22　機関誌の発行①

人の輪と集落の和　23　平成24年12月号

「収穫感謝祭 2012」ご来場ありがとうございました！！

先月24日、秋の恒例行事となりました「収穫感謝祭2012」が開催され、酒人区民はじめ多数の皆様にご来場いただき、大盛況で終えることができました。

人気があったのは、初めての試みであった「百円均一」と「ガラガラ抽選会」でした。新鮮な野菜やフルーツが百円とあって来場の方々には好評でした。ちびっ子は、お目当てのゲーム機を当てようと一喜一憂の抽選会となりました。

不十分な場面も多々あったとは存じますが、皆様の笑顔を拝見することができ、「地元還元」および「区民交流の場づくり」の目的は達成できたものと喜んでおります。

今後とも、組合事業にご理解とご協力をよろしくお願い申し上げます。

人の輪と集落の和　24　平成25年1月号

《すこやか営農グループ》仕事始め！

すこやか営農グループは、新年早々「豆より」と野菜の収穫でフル活動されています。「豆より」は、グループ全員がビニールハウスの中で種子大豆「ふくゆたか」の手選別を連日されています。大変根気の要る作業ですが、談笑しながらも慣れた手つきと真剣な目つきできびきびと選別されています。寒さ厳しい時期ですが、ハウスの中は熱気に包まれています。約２ヵ月にわたる作業となりますが皆様よろしくお願いします。

図Ⅰ－23　機関誌の発行②

２）年間５回の総会開催

Ｇ法人では、年間５回の総会（春季総会、夏季中間総会、秋季総会、冬季総会、通常総会）を開催し、総会という名のもと、全構成員の参加を募り、その時々の情報発信や親睦を深める場を設けている。

例えば、第１回（春季総会）では、春作業の作業計画、機械講習会。第２回（夏季総会）では、作物の生育状況などの報告。第３回（秋季総会）では、収穫作業計画、懇親会など。第４回（冬期総会）では、年末大掃除、納会など、一般的に開催される通常総会（第５回）以外に４回の総会が開催されている（図Ⅰ－24）。

このように全構成員が集まる場を設けることで、構成員の集落営農に対する理解も深まり、構成員全体で協力しながら組織運営を行う風土が醸成される。

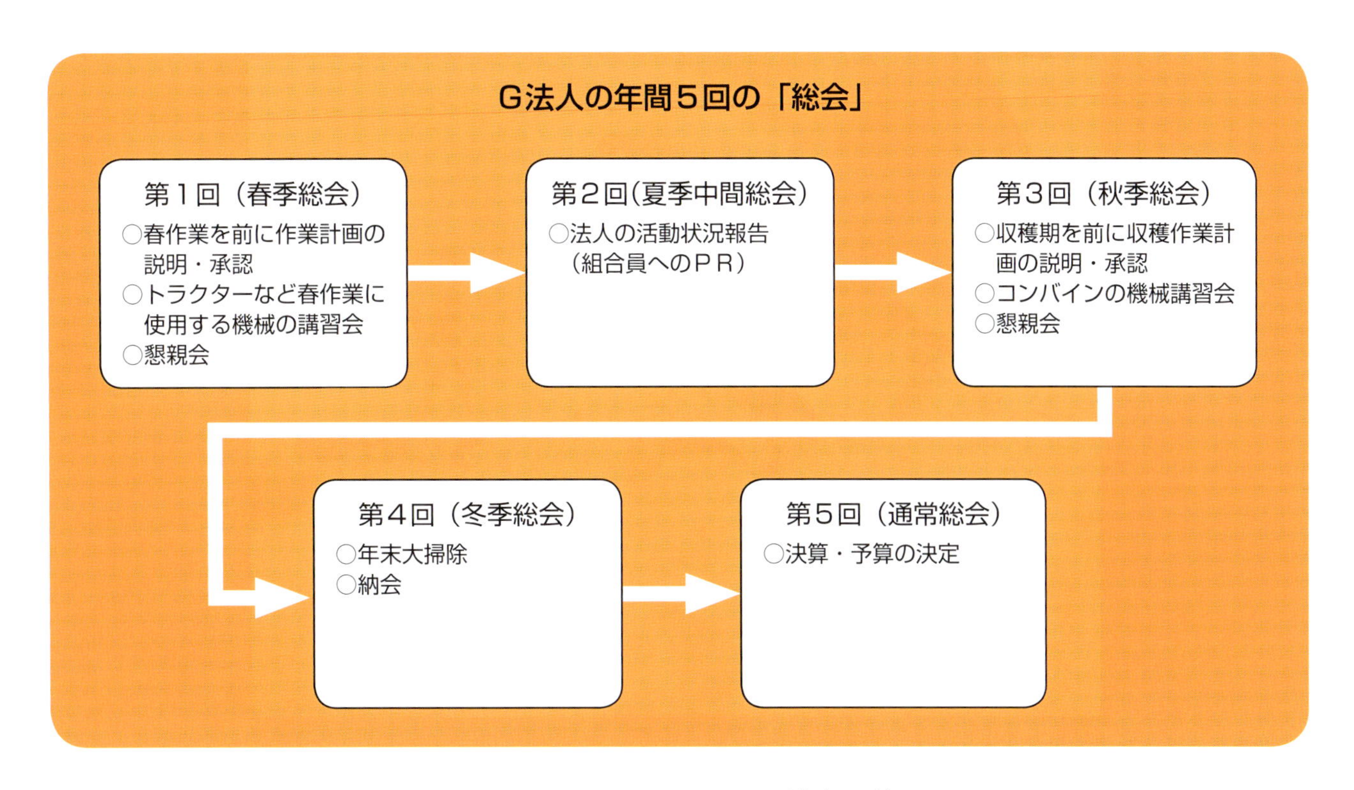

図Ⅰ－24　年間５回の総会開催

２．出役機会の提供

「出役機会の提供」とは、老若男女さまざまな構成員がそれぞれの立場に応じて農作業に関わる機会を設けることで、構成員の集落営農に対する参画意識を高めていこうとするものである。

そのためには、構成員が参加してくれることを受け身で待つのではなく、構成員への働き掛けや参加しやすい仕掛けを作るなどの工夫が求められる。

１）全員作業日の設定

Ｔ営農組合では、田植え後の苗箱洗浄など人数が必要で、誰もができる軽作業を行う日を「全員作業日」として、構成員全員に出役を求めて作業を行っている（図Ⅰ－25）。

例えば、田植え後の苗箱洗浄や育苗機の後始末では、４時間ずつ２回の作業日を設けるなど、構成員が参加しやすい体制で作業を行うなどの工夫をしている。

写真のとおり、Ｔ営農組合の全員作業日には老若男女幅広い世代の構成員が参画して農作業が行われて、参加者の集落営農に対する当事者意識を醸成している。

図Ｉ－25　全員作業日の作業風景

２）年齢別作業組織

Ｓ法人では、年齢別作業組織をつくり、集落の老若男女が集落営農で活躍できる場を創出している。

具体的には、①田植機、トラクター、コンバインなどの機械作業を担うオペレーターグループ（20歳以上55歳以下）、②一般作業を担うグループ（56歳～65歳の男性、20歳～65歳の女性）、③園芸品目などの軽作業を担うグループ（65歳以上）など、年齢別作業組織を作り、それぞれの年齢や体力に応じて営農上の役割を担う場を設定するなどの工夫を行っている（図Ｉ－26）。

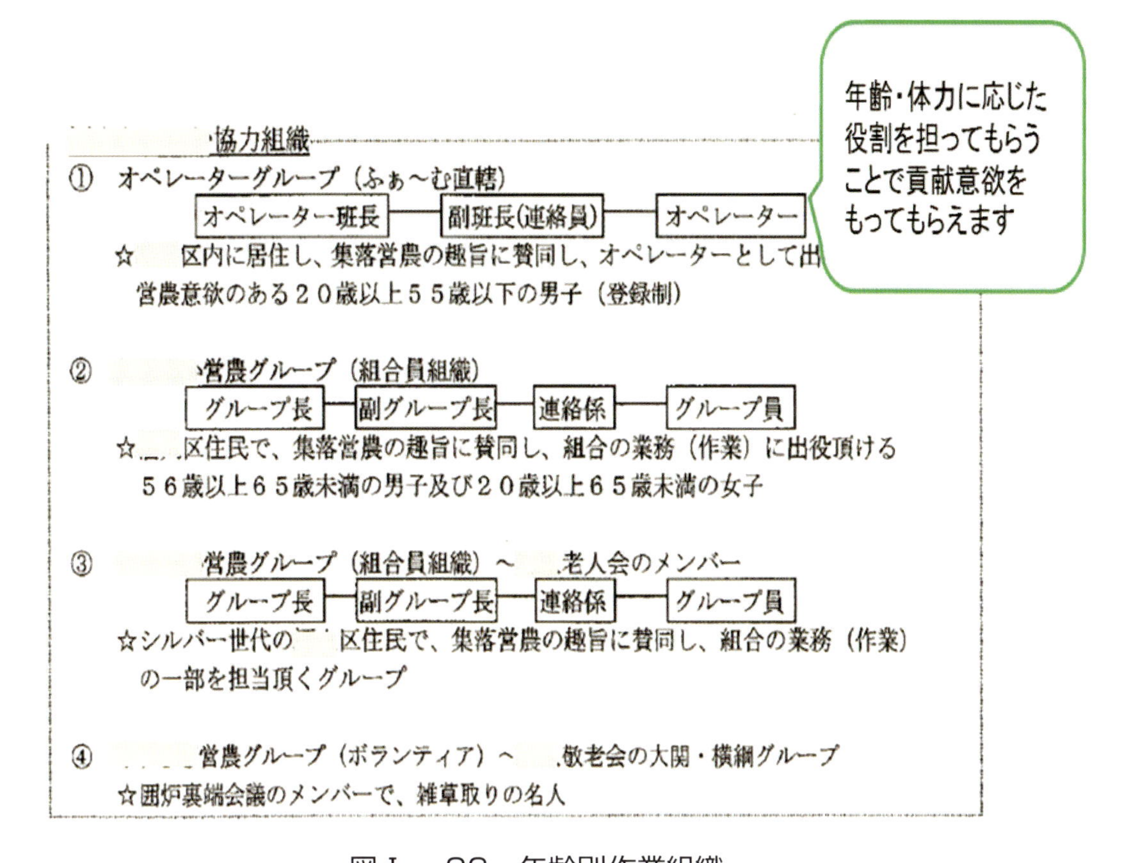

協力組織

① オペレーターグループ（ふぁ〜む直轄）

オペレーター班長 — 副班長(連絡員) — オペレーター

☆ 区内に居住し、集落営農の趣旨に賛同し、オペレーターとして出
営農意欲のある２０歳以上５５歳以下の男子（登録制）

② 営農グループ（組合員組織）

グループ長 — 副グループ長 — 連絡係 — グループ員

☆ 区住民で、集落営農の趣旨に賛同し、組合の業務（作業）に出役頂ける
５６歳以上６５歳未満の男子及び２０歳以上６５歳未満の女子

③ 営農グループ（組合員組織）〜 老人会のメンバー

グループ長 — 副グループ長 — 連絡係 — グループ員

☆シルバー世代の 区住民で、集落営農の趣旨に賛同し、組合の業務（作業）
の一部を担当頂くグループ

④ 営農グループ（ボランティア）〜 敬老会の大関・横綱グループ

☆囲炉裏端会議のメンバーで、雑草取りの名人

図Ｉ－26　年齢別作業組織

以上のとおり構成員の参画意識を向上させるためには様々な取り組みがあるが、いずれも構成員の意識の変化を受け身で待つのではなく、組織運営の創意工夫により構成員に働きかけながら参画意識の向上に努めている点に特徴がある。

第５節　若い人の参画を高める

集落営農を将来にわたり継続させるためには、若年層が集落営農の活動に参画し、世代交代を進めていくことが重要である。しかし、集落に若年層が在住し、集落営農への参画を期待しているものの、「若年層が集落営農に参画してくれない」「若年層の農業や集落営農への関心が低い」など、若年層が集落営農組織に関わっていないといった問題点を抱える事例が多い。

このような状況は、将来を見据えた集落営農の継続性に影響を与えるものであり、これらの問題を解決するための主体的な取り組みが求められる。

若年層の集落営農への参画を高めるための方法として、①きっかけをつくる、②環境を整える、③参画ルートをつくる－などの取り組みがある（図Ｉ－27）。

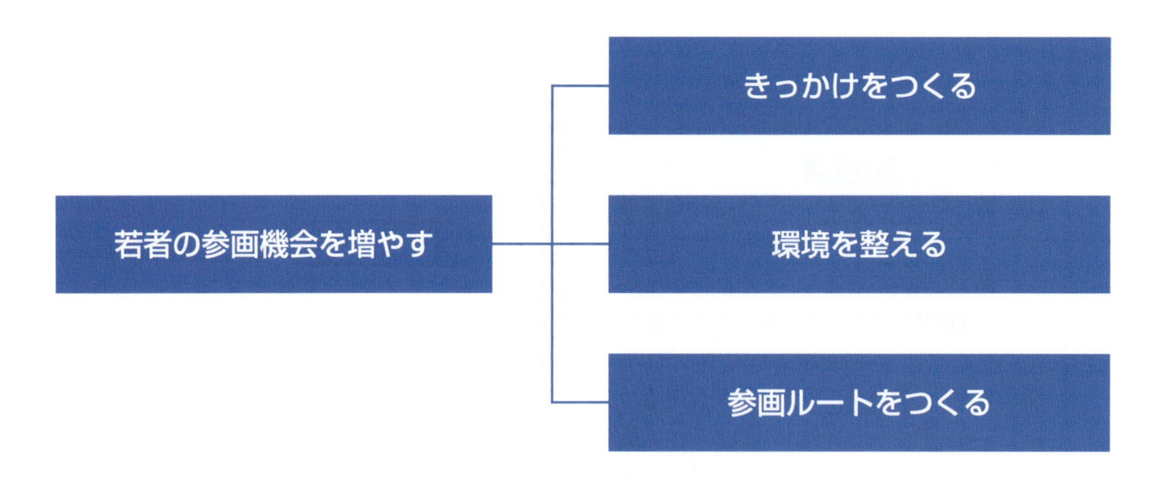

図Ⅰ－27　若い人の参画を高めるポイント

１．きっかけをつくる

「きっかけをつくる」とは、これまで集落営農への関わりが少なかった若年層に対して集落営農に関わるきっかけをつくり、集落営農への参画を促していこうとするものである。

集落営農組織側から若年層に働きかけを行うことで、若い世代の集落営農への関心が高まるとともに、同世代のヨコのコミュニケーションが図られ、仲間意識が育まれるなどの効果を期待できる。

１）イベントを任せる

集落営農組織では、集落の自治会等との連携で「収穫祭」などのイベントを開催するケースが多い。若年層にこれらのイベントを任せることで、集落営農に関心を持たせることができるとともに、イベントを通じた成功体験が若年層の成長を促すことにもつながる。

G法人では、若年層に「周年祭」や「収穫祭」などのイベントの企画運営を任せることで、集落営農への関心を高めている。G法人では、イベント開催予算は人材育成の費用ととらえており、集落営農組織設立20周年イベントでは、100万円の予算を計上し、その全てを若年層に任せた。そして、イベントのステージづくりなど若年層の活動を観察することなどにより、リーダーシップなど将来の役員候補としての適性を判断する機会としている。

なお、G法人の20周年祭では若者がイベント内容を企画し、着ぐるみを着て盛りあげるなど盛況に行われたが、イベントの下見には役員も同行するなど「下支え」の活動は必要であるとしている（図Ⅰ－28）。

図Ⅰ－28　Ｇ法人の周年祭の様子

２）組織内グループの設置

集落営農組織内に若年層のグループを設置して、特定の生産部門を任せるなどの方法により若年層の参画を促すことができる。若年層を対象とした組織内グループの設置に際しては、まずは、過重な責任にならない規模で、利益が出やすい部門から任せていくことが重要であり、これにより若年層のやる気と熱意が高まる効果が期待できる。

例えば、Ｇ法人では、農作業アルバイトとして地元の高校生を採用したことがきっかけとなり、法人内に40歳代が中心となるグループを設立し、大豆生産（作付面積２～３ha規模）を任せた。そして、運営に際しては、若年層の意欲を喚起するために、独立採算制を採用するなどの配慮を行っている。その結果、大豆の販売価格が高値で推移したこともあり、大豆部門の利益が出て、若年層の農業に対するやる気が高まると同時に、トラクターなどの機械操作方法の習得につながるなどの効果が得られている（図Ⅰ－29）。

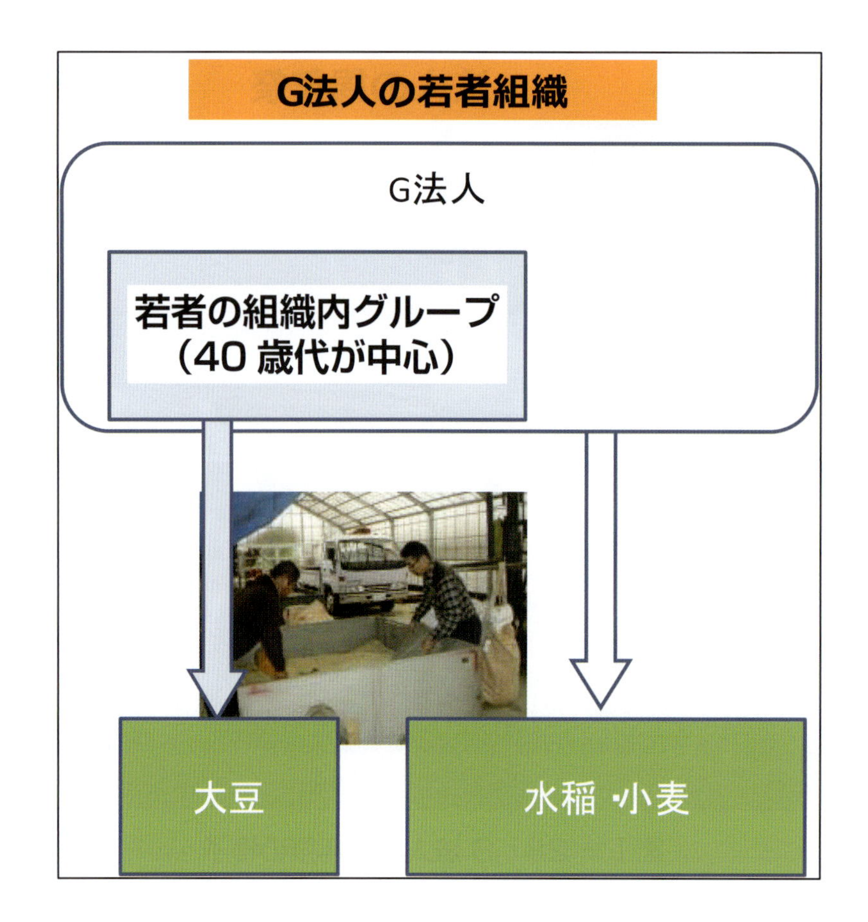

図Ⅰ－29　G 法人の若者グループの構成

３）体験・経験を積ませる

集落の若年層をアルバイトとして雇用することで、農作業を経験させるきっかけにすることができる。この場合、アルバイトの雇用に際しては、若年層が気軽に参加でき、魅力あるものになるように配慮することが重要である。

例えば、若年層が一人で参加するより、複数人で参加する方が気軽に参加できることから、アルバイト募集の周知に際しては、複数人に声をかけたり、友人を誘って来るように仕向けるなどの配慮が必要である。また、いつでもアルバイトの受け入れができる体制や魅力が感じられる労賃が必要である。

S 法人では、アルバイト当日にアルバイト賃金を支払うことで、すぐに現金が得られるなど、参加する若者にとっては「都合のいいアルバイト先」と感じられるように工夫している。アルバイトはいつでも受け入れることとしており、土曜日・日曜日には、アルバイトを求めて数人が訪れるという。当日にアルバイト賃金が支払われるため、若者にとっては身近なところで「小遣い稼ぎ」ができ、農作業の経験も積める機会になっている（図Ⅰ－30）。

S法人の若者アルバイト

図Ｉ－30　Ｓ法人の若年層のアルバイトの様子

２．環境を整える

集落の若年層はサラリーマンが多く、勤め先によって勤務体系も異なり、子育て中の世代も多い。このため、若年層の集落営農への参加を促すためには、働きやすい環境を整備して、若年層が農作業などに参加しやすくなるように配慮することも重要である。

１）若者の専門作業を位置付ける

Ｔ営農組合では、力仕事が中心で短時間で終わることができる作業を「若者推奨作業」に位置付け、若年層の積極的な参加を働きかけている。具体的には、育苗機から育苗ハウスへの苗出しや田植え時の軽トラックへの苗箱積み込みなど、朝の短時間（午前７時から１時間程度）で終了する作業を、若者推奨作業として、若年層の積極的な参加を呼びかけている（図Ｉ－31）。

短時間での作業や力仕事は、通常の終日作業よりも負担感が少なく、休日のレジャーなど若年層のライフスタイルとの相性も良く、同世代の仲間と一緒に行う作業は、農作業に参加する抵抗感や負担感を低減することができ、若年層が集落営農に参画するきっかけとなっている。

図Ｉ－31　Ｔ営農組合の若者推奨作業

２）若者の勤務状況等を考慮する

集落の若年層は、サラリーマンで、責任あるポストに就任する年齢層も多い。このため、出役業務の割り当てに際しては、休日のみとするなど集落営農に出役しやすい環境を整備するなどの配慮も必要である。

Ｈ法人では、若者の勤務先での休日や家族構成を考慮して出役のシフトを組むなどの工夫を行っている。集落営農組織の役員が、集落の若者の勤務先や子どもの年齢を把握することで、それぞれの事情に配慮したシフトを組んでいる。

例えば、平日のオペレーターは定年退職者などに出役を割り当て、ゴールデンウイークなど祝祭日には「家族サービス」ができるように出役の割り当てをしない。小中学生までの子供との関わりが重要な時期にある家庭には学校行事との兼ね合いも考慮している。具体的には、次の図の例ではNo5・7・16の者が若者で、ゴールデンウイークや学校の運動会にあたる日には出役を求めていない（図Ｉ－32）。

平成24年度　5月分

月	日	曜日	区分	作業内容	1	2	3	4	5	6	7	8	9	10	11	12	13	14	15	16	17	18
					山本	山中	山田	山田	山田	山本	山本	山中	山中	山中	山田	山田	山本	山中	山田	山本	山中	山田
					●●	××	△△	●●	××	△△	□□	△	△△	●●	××	△△	○	□□	△△	××	□	△△
5	1	火																				
	2	水																				
	3	木	米	田植え・代かき	○			◎				●	○						◎			●
	4	金	米	田植え			●			◎					○	○					◎	
	5	土	米	田植え	○	○						●					◎	◎				
	6	日	米	田植え				◎			○			●						○		◎
	7	月																				
	8	火	米	代かき			●			◎									◎			
	9	水																				
	10	木																				
	11	金	米	田植え		○							○	●			◎	◎				
	12	土	米	田植え				◎			○								●	○		◎
	13	日	米	田植え			●		◎		○					○				◎		
	14	月																				

平成24年度　9月分

月	日	曜日	区分	作業内容	1	2	3	4	5	6	7	8	9	10	11	12	13	14	15	16	17	18
					山本	山中	山田	山田	山田	山本	山本	山中	山中	山中	山田	山田	山本	山中	山田	山本	山中	山田
					●●	××	△△	●●	××	△△	□□	△	△△	●●	××	△△	○	□□	△△	××	□	△△
9	8	土	米	稲刈り			●			◎					○	○					◎	
	9	日	米	稲刈り	○	○		◎											●			◎
	10	月																				
	11	火																				
	12	水																				
	13	木																				
	14	金	米	稲刈り	○			◎											◎		●	
	15	土	米	稲刈り					◎								◎	○		○		●
	16	日	米	稲刈り		○		●	○		◎									◎		

図Ⅰ－32　Ｈ法人の出役シフト表

3）OJT を実践する

若年層は農作業に対する経験が少ないことが多い。このため、若年層の農作業への参加を促すためには、若年層が機械を操作する機会を設け、OJT を通じてスキルアップを図ることが重要である。これにより、慣れない農作業に対する不安を軽減するとともに、「集落営農組織の運営に貢献している」という貢献意識を実感させるなどの効果を期待できる。例えば、大型機械を使用する作業では、若年層にオペレーターを指名して、ベテランと一緒に作業ができるシフトを組むなど工夫することで、若年層に農作業の経験を積ませながら、スキルアップを図る効果を期待できる。

G 法人では、水稲の直播作業では、作業途中にオペレーターを交替しながら、若年層に機械操作を覚えさせていくとともに、小規模な圃場や不整形な圃場では、経験者がオペレーターを担当するようにしている。この他にも、収穫作業前には、ベテランオペレーターが若者を対象にコンバインの構造、操作方法などを教えるとともに、若年層が得意なリフト操作では、若年層が講師となりリフト操作の研修会を開催することもある（図Ⅰ－33）。

図Ⅰ－33　H法人・G法人のOJT

3．参画ルートを作る

集落内には、集落営農の他にも消防団、体育協会などの各種団体があることも多い。

この場合、集落における各種団体の役職経験のルートの中に、集落営農組織に参画することを位置付けることで、若年層の集落営農組織への参画が定着することを期待できる。

例えば、G法人では、若年層は、消防団、体育協会などの農業以外の組織に参画して徐々に集落の自治に関わることが恒例となっていた。そこで、G法人では、集落営農組織の設立後、これらの役職経験のルートの中で、集落営農への参画を位置付けるなど、年代別に自治会・農業への関わりが深まるように工夫している（図Ⅰ－34）。

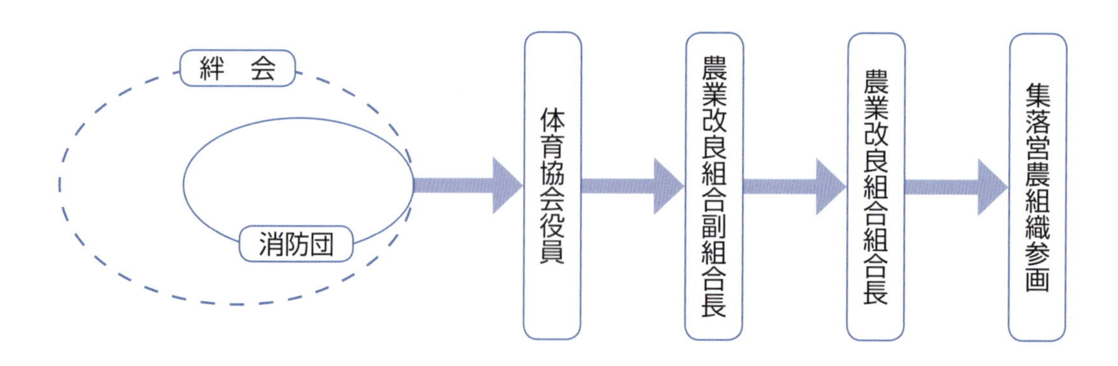

図Ⅰ－34　G法人での参画ルート

第２章　生産活動のステップアップ

第１節　集落営農における生産活動の特徴とポイント

集落営農における生産活動の特徴として、①多くの構成員が参画して生産活動が行われる、②構成員が日替わりで分担して作業を行う、③作業に従事する構成員の農業経験や知識の差がかなり大きい、④計画策定や人員配置などの管理業務は役員が分担して担当すること、などが指摘できる。

集落営農の運営に携わるリーダーの方々と話をすると、生産活動における問題点として、「計画策定や作業の判断を特定の人に頼ってしまっている」「作業の段取りがスムーズにいかない」「人によって作業の能率や精度の差が大きい」「収量・品質がなかなか向上しない」「作業のミスが多い」など生産活動の問題点を耳にすることも多い。

一方で、生産活動の工夫を行うことで、こうした問題点を解決し高いレベルでの生産活動を実践している事例も見られる。これらの組織では、役員を中心に課題解決に向けたアイデアを出し、試行錯誤しながら様々な対策が講じられており、その積み重ねが生産活動をステップアップさせる原動力となっている。

このため、集落営農の生産活動をステップアップするためには、組織的な生産活動を行うための創意工夫が求められる。

そこで、本章では、集落営農における生産活動を「計画策定（Plan）」→「作業の実施（Do）」→「評価・改善（See）」の３つの段階に大別した上で、それぞれの段階において組織的な生産活動を行う上でのポイントおよび実際の取り組み事例を紹介する。

“生産活動のステップアップ”

□計画の策定（Plan）

➡集落営農における生産活動の核となる各種計画（作付計画、作業計画、人員配置計画など）の策定や作業の進捗管理を効率的・効果的に策定する取り組み

□作業の実施（Do）

➡農作業を的確に実施するために、作業の段取り・指示、作業のレベルアップなどを図ろうとする取り組み

□評価・改善（See）

➡営農活動の実態を把握して振り返り、営農活動の改善を図ろうとする取り組み

第２節　計画の策定

集落営農では、役員が中心となって作付計画、資材投入計画、作業計画、人員計画など生産活動の核となる計画を策定することが多い。しかし、これらの計画を策定する上では、①栽培管理や農作業などの生産活動に関わる知識やノウハウ、②作業適期判断や人員配置などの業務を担当する役員間での調整などが必要となる。

このため、集落営農の運営では、「計画策定を特定の人に頼ってしまう」「計画策定を担当する役員の負担が大きい」「役員間での調整がたいへん」など計画策定段階での問題を抱える事例も多い。

将来にわたって集落営農を持続させるためには、特定の人に頼って大きな負担をかけることがないように、円滑に計画を策定できる体制や仕組みを構築することが求められる。

そこで、本節では、集落営農における計画策定のポイントとして、①計画策定業務の定型化、②作業の進捗管理を取り上げて、具体的な実践事例や取り組み方法を交えながら解説する（図Ⅱ－１）。

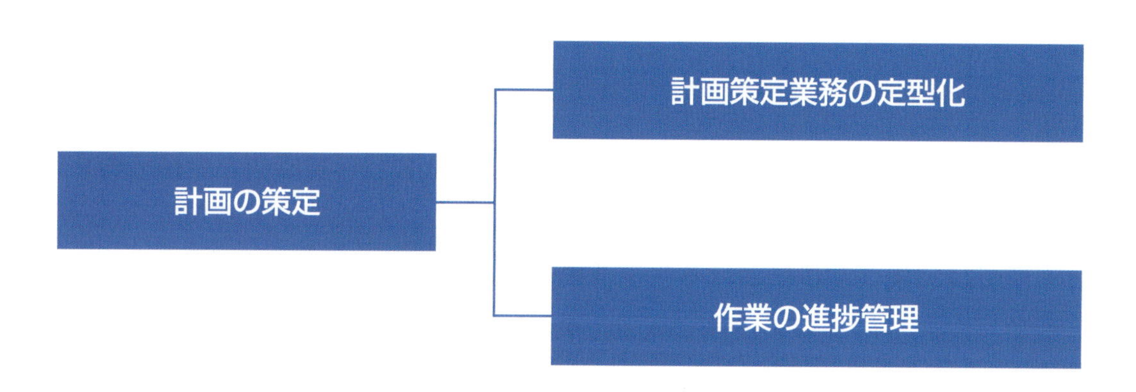

図Ⅱ－１　計画策定のポイント

１．計画策定業務を定型化する

特定の人に頼らずに計画策定を行うための対策として、計画策定業務を定型化する（計画策定の手順や方法を決める）ことは有効な方策の一つである。計画策定業務を定型化することで、①計画策定の精度と効率の向上、②引き継ぎの円滑化などの組織運営への効果を期待できる。

農作業における計画策定の内容は、①作業適期判断のように人間の判断による非定型的な内容、②計画策定手順のように定められた手順に沿ってある程度のレベルまでは定型的に判断できる内容のものがある。

計画策定業務を定型化する方法として、①人間の判断を支援するためのデータの記録と蓄積（作業実績や生育ステージなど計画策定に関わるデータを記録・蓄積する）、②計画策定を手際よく効率的に実施するための表計算ソフトなどを利用した計画策定による方法に大別される。以下では、これらの取り組み事例について紹介する。

“計画策定業務定型化のポイント”

□データの記録と蓄積

➡作業実績や作物の生育ステージなど計画の策定に関わるデータを記録・蓄積することで計画判断を支援する取り組み

□表計算ソフトなどの利用

➡表計算ソフトなどを利用して、効率的な計画策定を支援する取り組み

１）大日程表の作成

Ｈ法人では、「大日程表」を活用して作業計画を策定している（図Ⅱ－２）。

「大日程表」とは、縦軸に月日、横軸に圃場名を配置した一覧表の中に、①前年度の作業実績、②前年度の生育ステージ、③当年度の作業計画、④当年度の作業実績を記載したものであり、それぞれの区分に応じて色分け表示してわかりやすくするなどの工夫が行われている。

「大日程表」はパソコンの得意な構成員が表計算ソフトを用いて作業計画を効率的に作成できるように工夫しており、集落営農の特徴である多様な構成員の能力を活用した取り組みともいえる。

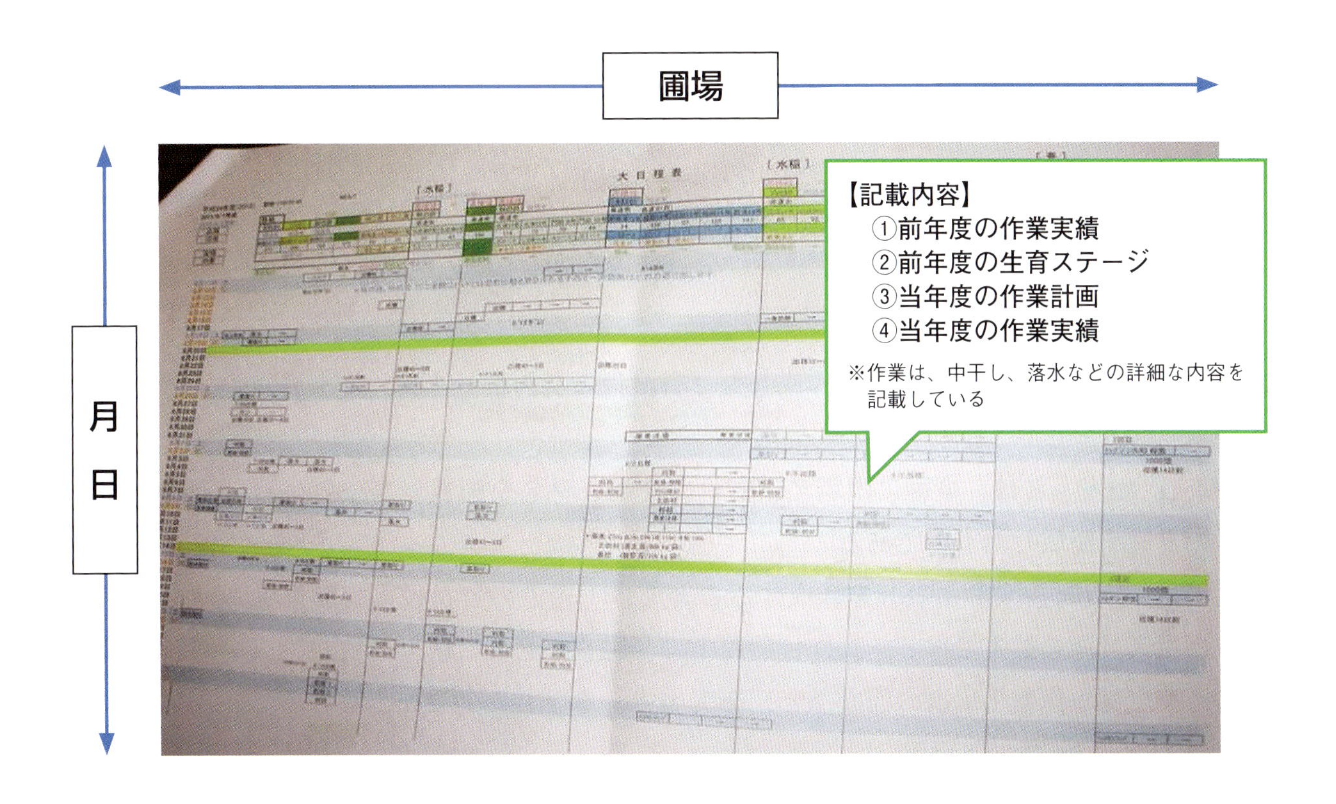

図Ⅱ－２　大日程表

「大日程表」の利用手順は、以下のとおりである。

【大日程表の運用手順】

①肥培部の役員が前年の「大日程表」の実績を参考にして当該年の「大日程表」を作成する（作成時期：水稲３月、麦８月）

②肥培部役員が作成した「大日程表」に基づき労務部役員が毎月の人員配置を計画する

③作物の生育状況などに応じて作業の計画を修正する

大日程表に記載された作業計画には、「代かき」「田植え」「収穫」などの基幹作業に加えて、「中干し」「落水（収穫前）」など水管理の詳細な情報も記載している。このように、「大日程表」を確認することで、構成員の誰もが作業の計画や栽培管理の流れを理解できるようになっている。

H法人では、「大日程表」を活用することで、①経験の少ない役員でも、品種、作付時期に応じた作業適期、生育ステージを理解することができる、②生産、労務に関わる担当役員間の情報共有を図りながら円滑に計画を策定できるなどの効果が見られる。

この他にも、「計画策定業務の定型化」に取り組む事例もあるが、いずれの事例でも作業の計画や実績をしっかりと記録して、計画策定に活用するとともに、表計算ソフトなどを用いて計画策定の負担を軽減できるように工夫されている。

農業における計画策定業務の全てを定型化することは難しいが、“定型化できるところだけでも定型化しておく”ことは計画策定業務の円滑化に有効である。

２）資材投入計画の作成

N法人では、表計算ソフトを用いて作成した「資材投入計画表」を用いて、資材投入計画を策定している（図Ⅱ－３）。

「資材投入計画表」とは、縦軸に圃場名、横軸に使用資材名を配置した一覧表に、圃場別の資材投入量の計画を記載したものである。

N法人では、「資材投入計画表」を作成することで、①過去の資材投入実績を参考にしながら、毎年の資材投入計画を策定できる、②作付期間中に、誰もが必要に応じて資材投入計画を確認して、担当業務（例：作業指示書の作成など）を実施できるなどの効果がみられる。

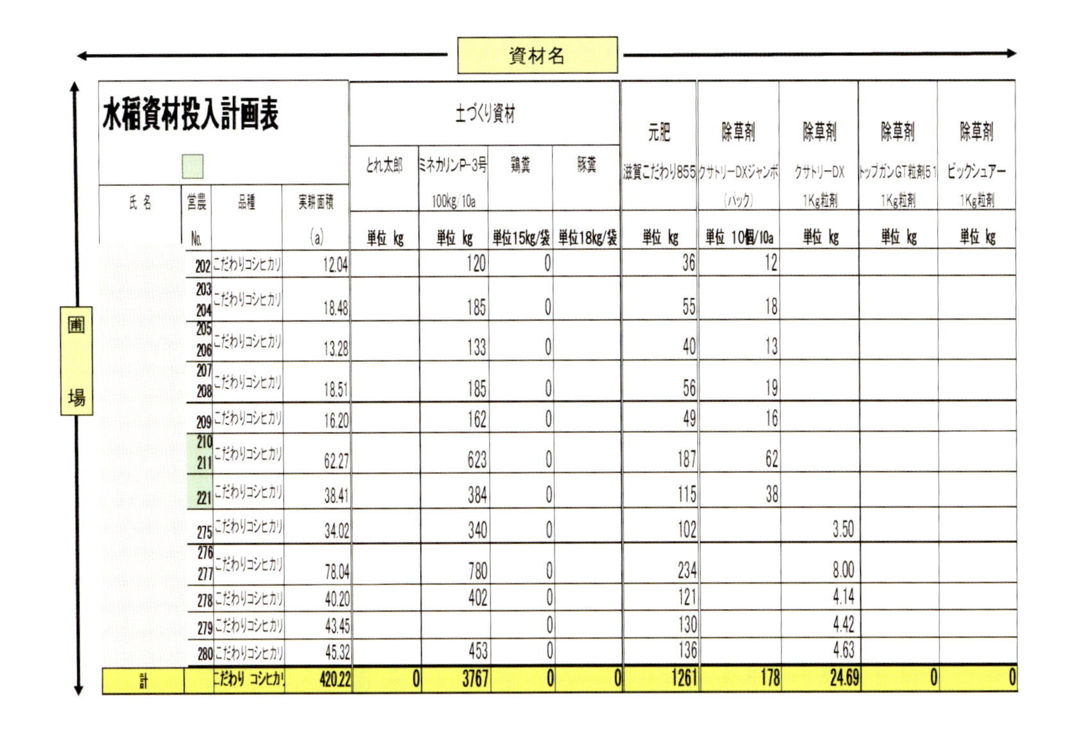

水稲資材投入計画表

氏名	営農No.	品種	実耕面積(a)	土づくり資材 とれ太郎	ミネカリンP-3号 100kg/10a	鶏糞	豚糞	元肥 滋賀こだわり855	除草剤 クサトリーDXジャンボ（パック）	除草剤 クサトリーDX 1Kg粒剤	除草剤 トップガンGT粒剤51 1Kg粒剤	除草剤 ビックシュアー 1Kg粒剤
				単位 kg	単位 kg	単位15kg/袋	単位18kg/袋	単位 kg	単位 10個/10a	単位 kg	単位 kg	単位 kg
	202	こだわりコシヒカリ	12.04		120	0		36	12			
	203 204	こだわりコシヒカリ	18.48		185	0		55	18			
	205 206	こだわりコシヒカリ	13.28		133	0		40	13			
	207 208	こだわりコシヒカリ	18.51		185	0		56	19			
	209	こだわりコシヒカリ	16.20		162	0		49	16			
	210 211	こだわりコシヒカリ	62.27		623	0		187	62			
	221	こだわりコシヒカリ	38.41		384	0		115	38			
	275	こだわりコシヒカリ	34.02		340	0		102		3.50		
	276 277	こだわりコシヒカリ	78.04		780	0		234		8.00		
	278	こだわりコシヒカリ	40.20		402	0		121		4.14		
	279	こだわりコシヒカリ	43.45			0		130		4.42		
	280	こだわりコシヒカリ	45.32		453	0		136		4.63		
計		こだわり コシヒカリ	420.22	0	3767	0	0	1261	178	24.69	0	0

図Ⅱ－３　資材投入計画表

3）作期分散試算ツールを活用した作付計画の策定

Ｆ法人（個別経営）では、表計算ソフトを用いて作成した「作期分散試算ツール」を活用して、水稲の作付計画を策定している（図Ⅱ－４）。

「作期分散試算ツール」とは、水稲の作付計画を検討する上での重要な要因となる作期分散の状況をシミュレーションするためのツールであり、その利用手順は、以下のとおりである。

【作期分散試算ツールの利用手順】

①既往の栽培実績や研究機関が提供する水稲生育予測システムなどを用いて予め整理した作付予定品種の作期ごとの出穂期・収穫時期のデータを参考にしながら、品種・作期ごとの作付予定面積を入力する

②前述①の面積入力結果に基づき、予想される収穫時期の面積を半旬単位（５日単位）に試算して、作期分散の状況をグラフ化して表示する

③前述②の試算結果を勘案して計画の変更・修正を行いながら、より望ましい作付計画を策定する

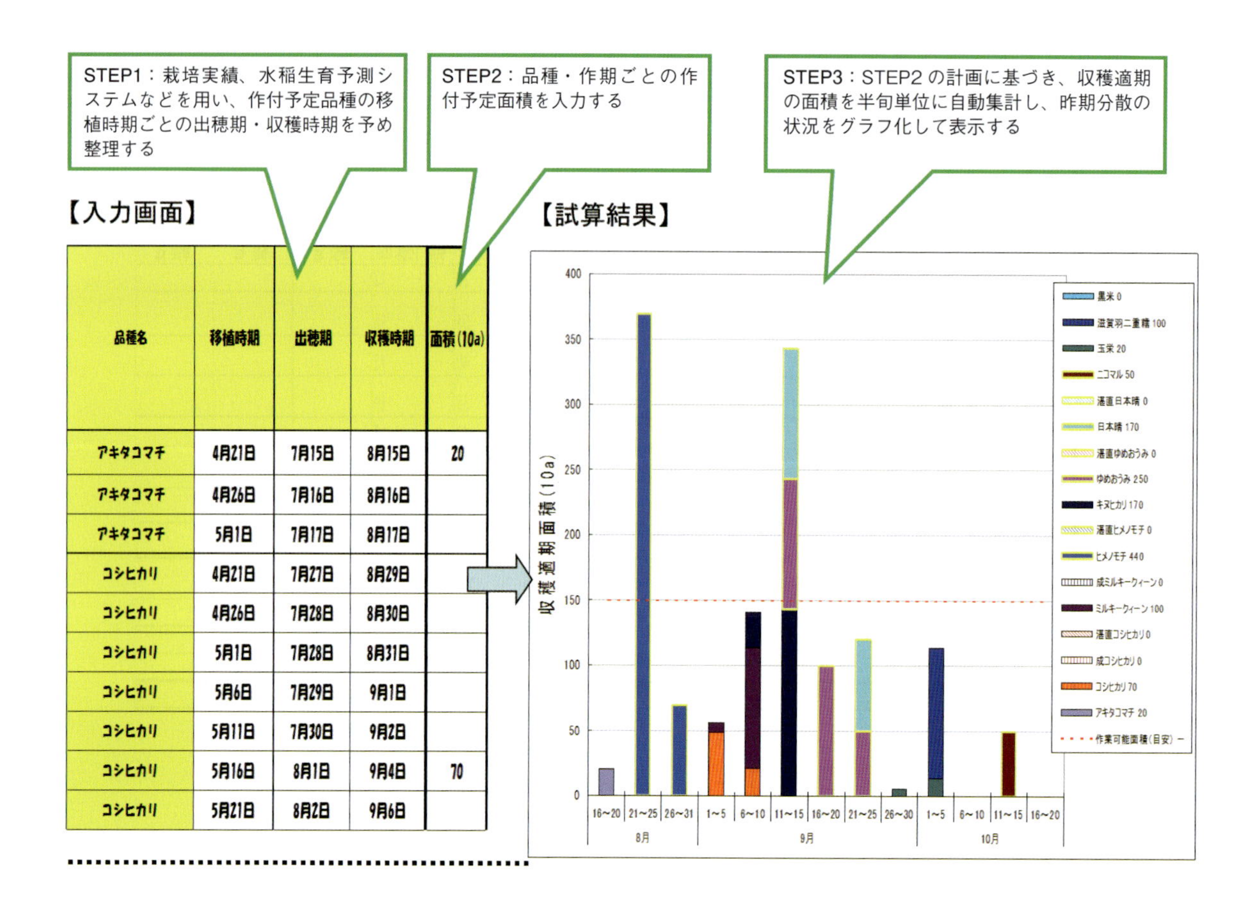

品種名	移植時期	出穂期	収穫時期	面積（10a）
アキタコマチ	4月21日	7月15日	8月15日	20
アキタコマチ	4月26日	7月16日	8月16日	
アキタコマチ	5月1日	7月17日	8月17日	
コシヒカリ	4月21日	7月27日	8月29日	
コシヒカリ	4月26日	7月28日	8月30日	
コシヒカリ	5月1日	7月28日	8月31日	
コシヒカリ	5月6日	7月29日	9月1日	
コシヒカリ	5月11日	7月30日	9月2日	
コシヒカリ	5月16日	8月1日	9月4日	70
コシヒカリ	5月21日	8月2日	9月6日	

図Ⅱ－４　作期分散試算ツールの概要

このように「作期分散試算ツール」を活用することで、品種・作型ごとの収穫時期に基づく作期分散の状況を踏まえた作付計画の検討が可能となる。

F法人では、「作期分散試算ツール」を活用する前は、経営者が作付計画策定の全ての業務を担っており、他の従業員に担当を任せることができなかった。その理由は、様々な品種・作型に応じた収穫時期に関わる知識は、毎年の経験に基づき習得していくものであり、これらを栽培経験の少ない従業員が行うことは容易ではないからである。

F法人では、「作期分散試算ツール」導入後は、作付計画の原案作成を従業員に任せるとともに、その原案をもとに経営者と従業員が話し合いを行いながら作付計画を策定するようになった。経営者からは、「当ツールを活用することで従業員に原案を検討させることができるようになった」、従業員からは、「具体的なデータに基づき経営者と話し合うことで作付計画策定のノウハウが理解しやすくなった」などの効果がみられた。

以上のとおり、「作期分散試算ツール」を活用することで、①経験や知識が少ない構成員でも一定レベルまでの作付計画を検討できる、②熟練者との対話を通じてノウハウを伝承するなどの効果を期待できる。

２．作業の進捗管理を徹底する

前項では、「計画策定業務の定型化」への取り組みを紹介した。

しかし、農作業は、天気や生育、圃場条件の影響を受けながら農作業を行うため、当初に策定した作業計画どおりに作業を実施することは困難である。また、農業生産で安定した収量・品質を確保するためには、生育ステージに合わせて適期に作業を行うことが基本となる。

このため、農作業を円滑に実施していくためには、作業計画を策定するだけでなく、作業の進捗状況や生育ステージなどの状況を把握しながら作業計画の変更と修正（＝進捗管理）を行っていくことが必要不可欠である。特に、多数の構成員が参画する集落営農では、これらの情報を組織内で共有するための工夫が求められる。

作業の進捗管理を行うためには、①作業実績を記録して、作業の進捗状況を把握する、②生育ステージ（幼穂形成期、出穂期、成熟期）を観察、記録して作業適期を把握する、③これらを構成員内で情報共有することが基本となる（図Ⅱ－５）。

作業の進捗管理を的確に行うことで、①短期的な計画策定の判断支援、②適期作業の実施などへの効果が期待される。以下では、作業の進捗管理への取り組み事例を紹介する。

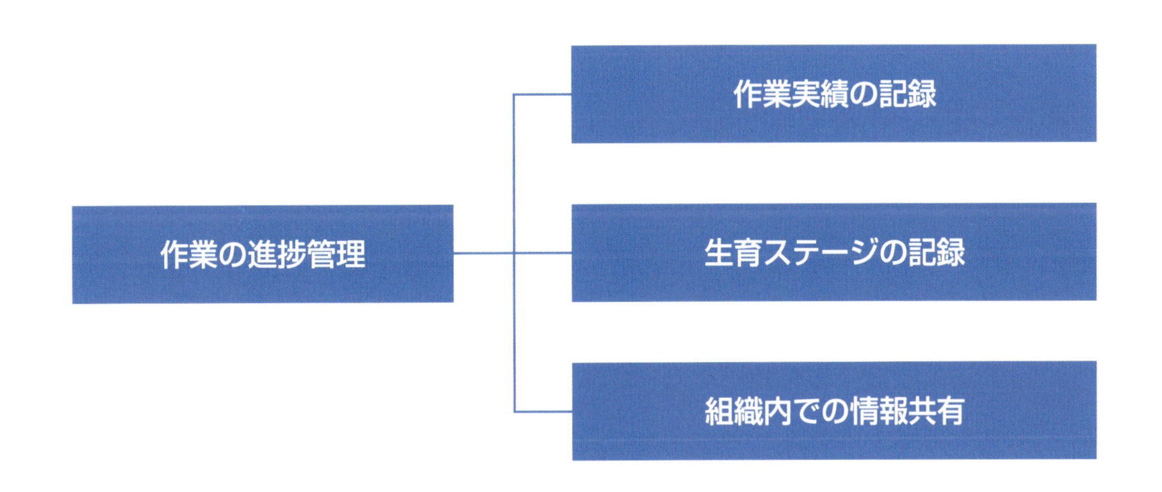

図Ⅱ－５　作業の進捗管理のポイント

１）作業実績の記録：①栽培管理表

Ｎ法人では、「栽培管理表」を活用して作業の進捗管理を行っている（図Ⅱ－６）。

「栽培管理表」とは、縦軸に圃場、横軸に作業名・資材名を配置した一覧表に、作業実施日や資材投入量を記録したものである。

Ｎ法人では、毎日の作業終了後に、作業の実績を栽培管理表に記録して、事務所内に保管している。

Ｎ法人では、「栽培管理表」を活用することで、構成員の誰もが作業の進捗状況を把握できるよう工夫するとともに、栽培管理の振り返りや次年度以降の作業計画策定の基礎資料としても活用している。

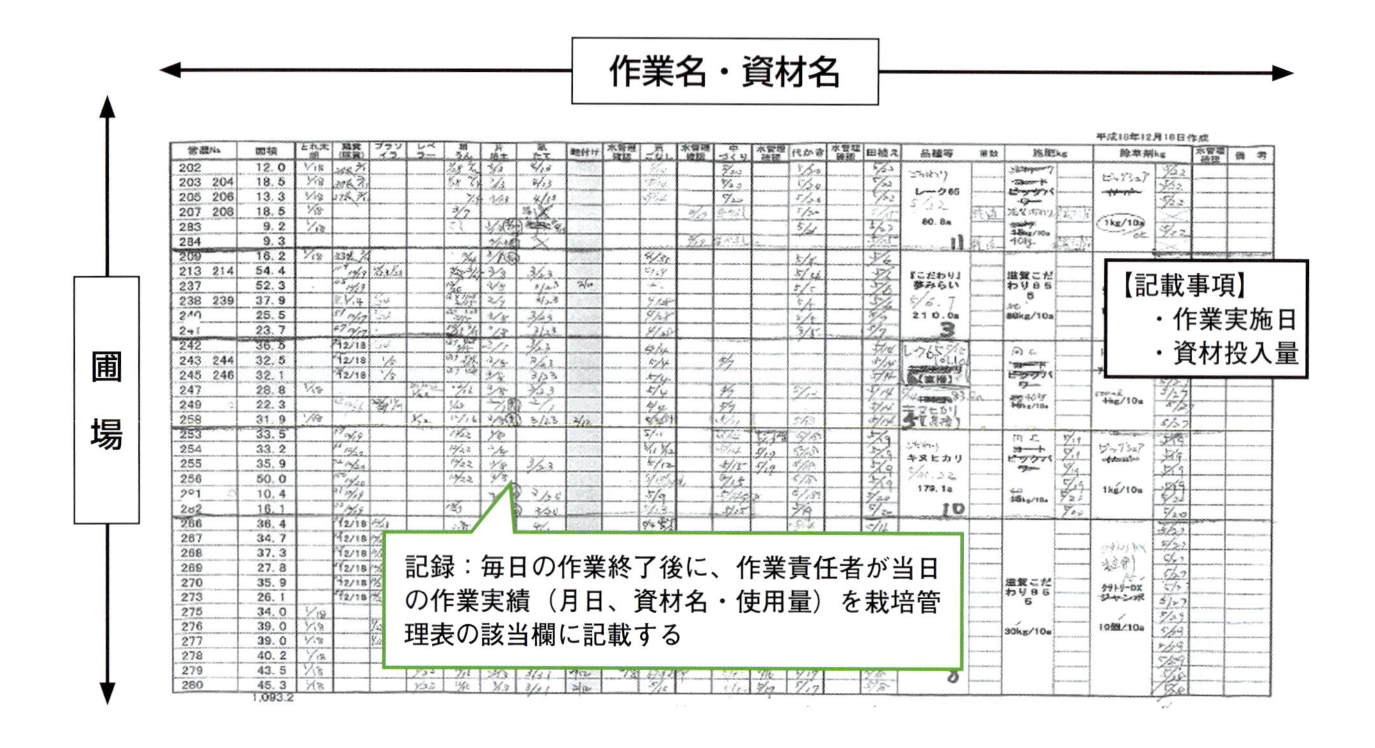

図Ⅱ－６　栽培管理表

２）作業実績の記録：②作業地図

Ｆ法人（個別経営）では､｢作業地図｣を活用して作業の進捗状況を組織全体で共有している（図Ⅱ－７)。

「作業地図」とは、作業ごとに準備した圃場の白地図に作業実施日や作業の注意点を書き込んだものである。

このように、Ｆ法人では「作業地図」を活用することで、誰もが一目で作業の進捗状況を把握することができるように工夫している。

【作業地図の利用手順】

①作業ごとに、圃場の白地図を準備する

②作業者は、毎日、作業を行った田んぼをマジックで囲むとともに、作業日を記入する

③必要に応じて、田んぼの状況や注意点など、後工程の担当者に伝えておくべき情報を記載する

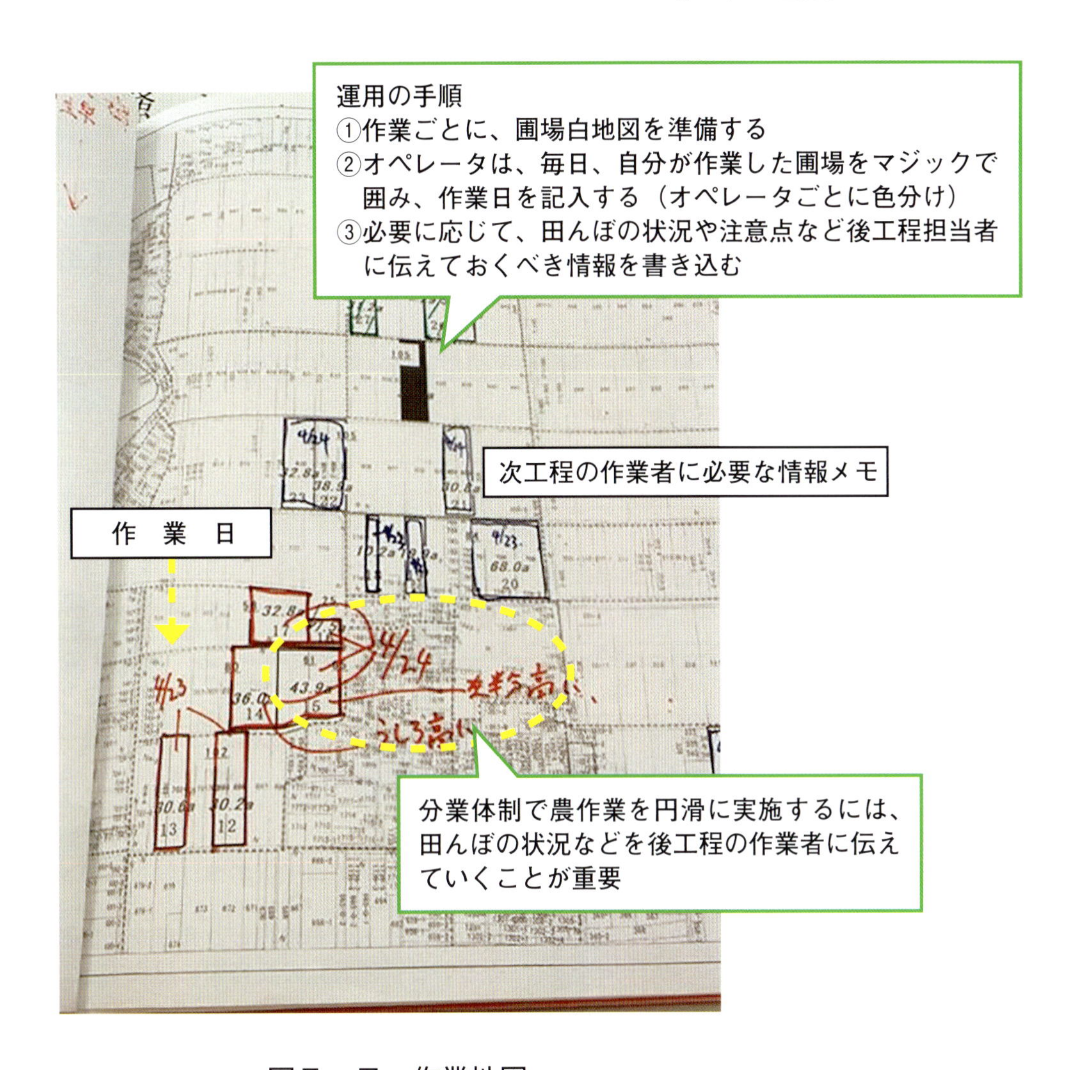

図Ⅱ－７　作業地図

３）生育ステージの記録：出穂・穂ぞろい管理表

農作物を栽培する上では生育ステージに応じた適期作業を行うことが求められる。

水稲の栽培では、幼穂形成期や出穂期などの生育ステージがあり、それぞれ穂肥（幼穂形成期）や水管理、収穫、カメムシ防除（出穂期）などの作業適期と密接に関連する。このため、作業の進捗管理を行う上では、生育ステージの状況を把握して適期作業を徹底していくことが重要である。

例えば、N法人では、「出穂・穂ぞろい日管理表」を活用して、圃場ごとの出穂日・穂ぞろい日を記録して、作業スケジュールの検討や次年度の作付計画などに活用している（図Ⅱ－８）。

「出穂・穂ぞろい日管理表」とは、縦軸に圃場名、横軸に品種、圃場面積、基肥、出穂日を配置した一覧表である。その運用手順を以下に示す。

このように、N法人では、水稲の生育ステージを担当役員が観察するとともに、観察した結果を「出穂・穂ぞろい日管理表」に記録して蓄積することで、収穫作業などの適期作業の徹底に向けた取り組みを進めている。

【出穂・穂ぞろい日管理表の利用手順】

①生産部役員等が圃場の出穂状況を観察する

②出穂・穂ぞろいを確認した月日を「出穂・穂ぞろい日管理表」の該当欄に記入する

③出穂・穂ぞろい日に基づき、積算気温などを参考に収穫作業計画を策定するとともに、次年度以降の栽培管理の参考としている

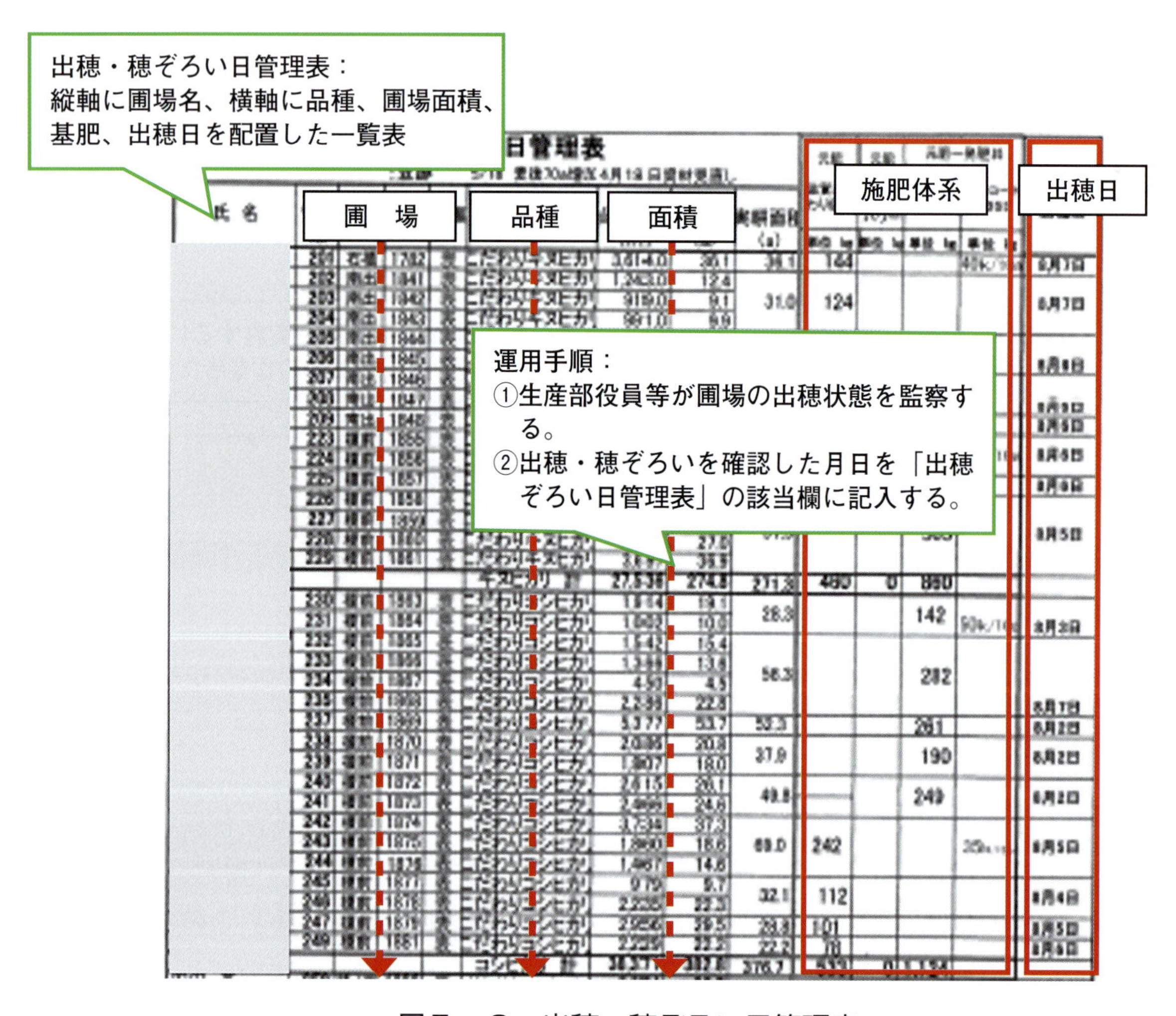

図Ⅱ－８　出穂・穂ぞろい日管理表

４）ホワイトボードの活用事例

ホワイトボードの活用は作業の進捗管理に有効な方法であり、それぞれの経営の状況に応じて、様々な取り組みが行われている（図Ⅱ－９）。

例えば、Ｐ法人では、ホワイトボードを活用して作業計画の策定と進捗管理を行っている。具体的には、日付が記載されたホワイトボード上に作業名、圃場名などを記載したマグネットを配置することで当面の作業計画を表示するとともに、作業の実績などに応じて、マグネットを適宜、移動させている。これにより、ホワイトボードを確認することで、誰もが作業の進捗状況や当面の作業予定を把握できるように工夫している。

このようにホワイトボードは、マグネットなどと併用して活用することで、計画の変更・修正への対応が容易であることが利点であり、農作業の計画策定に適したツールであるといえる。

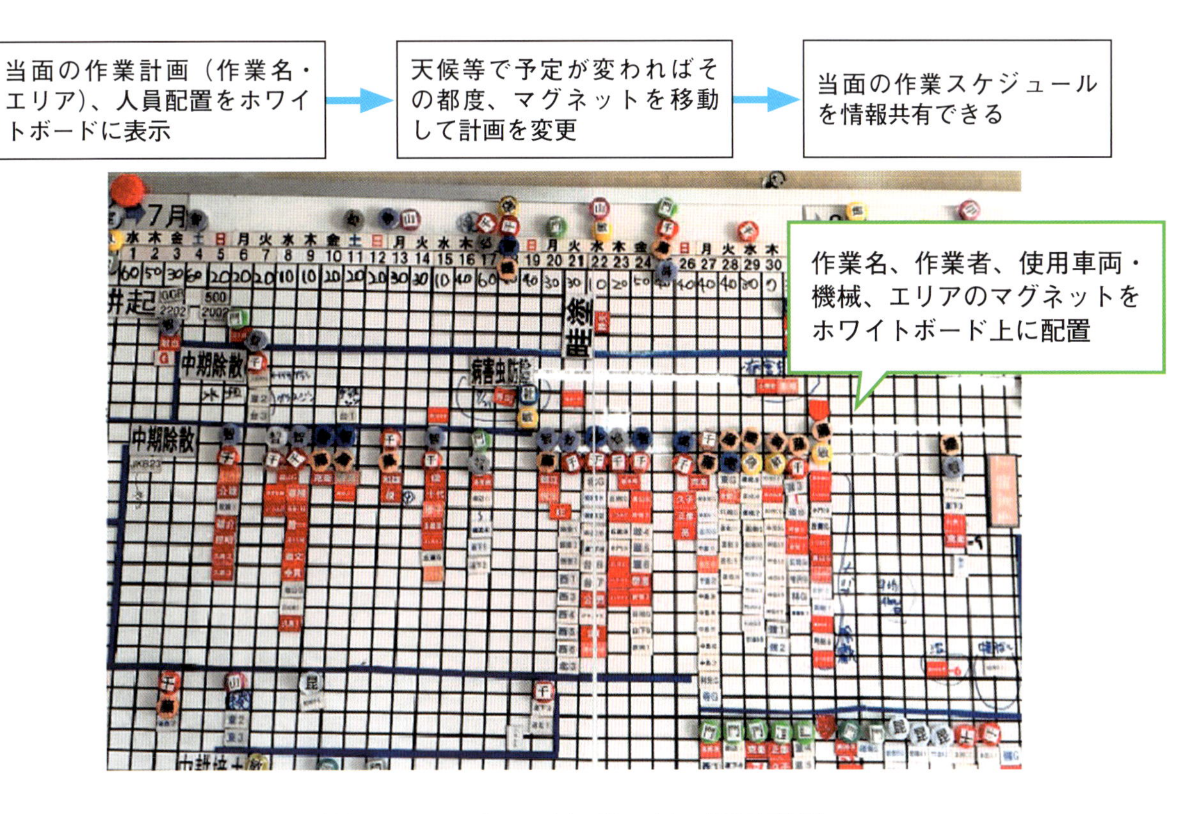

図Ⅱ－９　ホワイトボードの活用事例

以上のとおり、作業の進捗管理は、それぞれの経営の状況に合わせて様々な方法で行われているが、いずれの事例でも、作業の進捗状況を構成員の誰もがわかりやすく情報共有できるよう工夫がなされている点に特徴がある。

第３節　作業の実施

集落ぐるみ型の集落営農では、サラリーマンや定年退職者など農業に対する知識や経験が異なる構成員の出役により農作業を行うことが多い。また、農作業は生育ステージや時期に応じて継起的に作業を行うことから、作業経験を集中的に蓄積することが困難である。

このため、集落営農の生産活動では、「作業の段取りに時間がかかる」「作業の能率や精度にばらつきがある」など農作業の実施段階で問題を抱えている事例も多く、個別経営など他の経営体以上にこれらの対策の必要性が高い。

以下では、日々の農作業を的確に実施するための対応策として、①作業段取り・指示の徹底、②作業方法の習得支援、③構成員の意識改革－の３点を取り上げて、取り組みのポイントおよび先進事例の取り組みを解説する（図Ⅱ－10）。

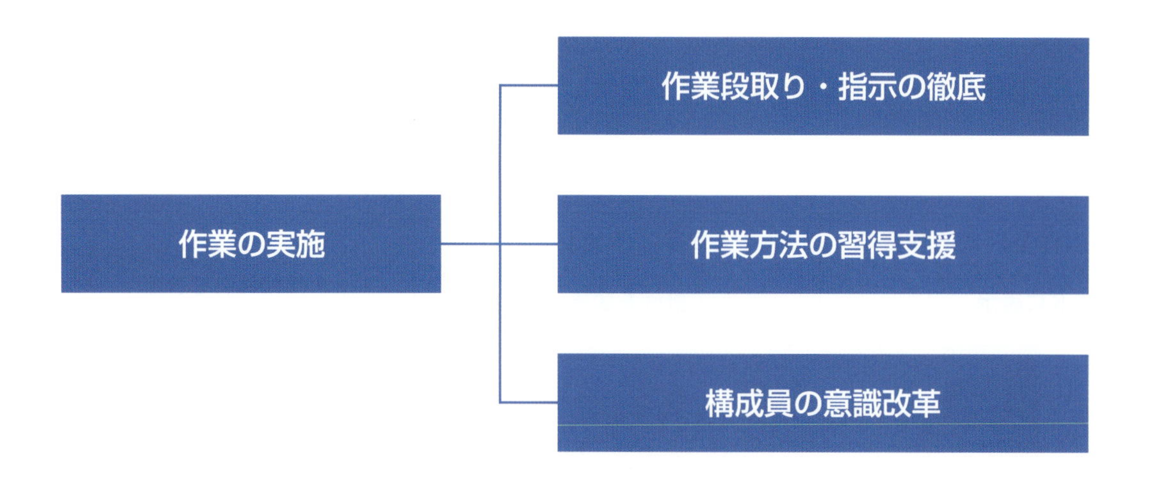

図Ⅱ－10　作業実施のポイント

1．作業の段取り・指示の徹底

“段取り八分”という言葉があるように、農作業においても作業の事前準備をしっかりと行っておくことが重要である。そしてそのためには、作業の段取り・指示を徹底することが基本となる。

作業の段取り・指示が不十分な場合には、①作業者の手待ち時間の増加、②作業精度、能率の低下、③資材投入などの間違いが起こるなど、生産性の低下に直結する。特に、多数の構成員が参画して作業を行う集落営農では、「段取りに時間がかかる」「作業のミスや間違いがおこる」などの問題が起こりやすくなるものである。

このような問題を解決するためには、作業の段取り・指示を徹底することが重要であり、具体的な取り組みとして「構成員の職務分担の工夫」「作業内容の確実な伝達」などの方法がある。以下に、取り組み事例を紹介する。

1）構成員の職務分担の工夫：①作業責任者制度

N法人では、毎日の農作業の段取りと作業指示、作業の引き継ぎを担当する作業責任者制度を導入した組織運営を行っている。以下に作業責任者制度のポイントを示す。

N法人が作成した職務別マニュアル「作業責任者の遂行業務」によると、作業責任者の担当業務の内容は、①当日の作業内容の把握、②作業段取り・作業指示、③引き継ぎ事項の記録など合計10項目に区分して、具体的に明記されている（図Ⅱ－11）。

このように、作業責任者は、作業の段取り・指示、引き継ぎなど多数の構成員が参加して行われる農作業の責任者として中心的な役割を果たしている。

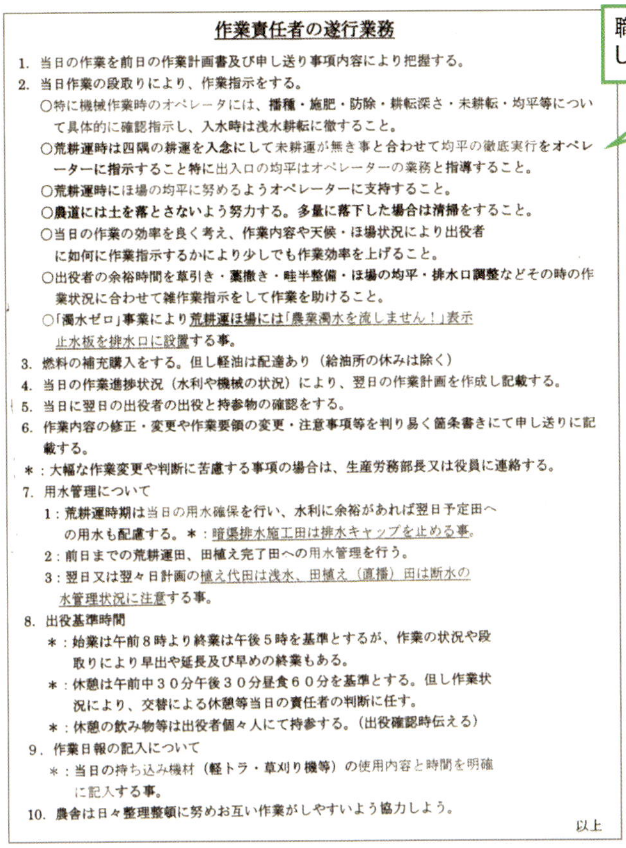

作業責任者の遂行業務

1. 当日の作業を前日の作業計画書及び申し送り事項内容により把握する。
2. 当日作業の段取りにより、作業指示をする。
   ○特に機械作業時のオペレータには、播種・施肥・防除・耕転深さ・未耕転・均平等について具体的に確認指示し、入水時は浅水耕転に徹すること。
   ○荒耕運時は四隅の耕運を入念にして未耕運が無き事と合わせて均平の徹底実行をオペレーターに指示すること特に出入口の均平はオペレーターの業務と指導すること。
   ○荒耕運時にほ場の均平に努めるようオペレーターに支持すること。
   ○農道には土を落とさないよう努力する。多量に落下した場合は清掃をすること。
   ○当日の作業の効率を良く考え、作業内容や天候・ほ場状況により出役者に如何に作業指示するかにより少しでも作業効率を上げること。
   ○出役者の余裕時間を草引き・藁撒き・畦半整備・ほ場の均平・排水口調整などその時の作業状況に合わせて雑作業指示をして作業を助けること。
   ○「濁水ゼロ」事業により荒耕運ほ場には「農業濁水を流しません！」表示止水板を排水口に設置する事。
3. 燃料の補充購入をする。但し軽油は配達あり（給油所の休みは除く）
4. 当日の作業進捗状況（水利や機械の状況）により、翌日の作業計画を作成し記載する。
5. 当日に翌日の出役者の出役と持参物の確認をする。
6. 作業内容の修正・変更や作業要領の変更・注意事項等を判り易く箇条書きにて申し送りに記載する。

＊：大幅な作業変更や判断に苦慮する事項の場合は、生産労務部長又は役員に連絡する。

7. 用水管理について
   1：荒耕運時期は当日の用水確保を行い、水利に余裕があれば翌日予定田への用水も配慮する。＊：暗渠排水施工田は排水キャップを止める事。
   2：前日までの荒耕運田、田植え完了田への用水管理を行う。
   3：翌日又は翌々日計画の植え代田は浅水、田植え（直播）田は断水の水管理状況に注意する事。
8. 出役基準時間
   ＊：始業は午前８時より終業は午後５時を基準とするが、作業の状況や段取りにより早出や延長及び早めの終業もある。
   ＊：休憩は午前中３０分午後３０分昼食６０分を基準とする。但し作業状況により、交替による休憩等当日の責任者の判断に任す。
   ＊：休憩の飲み物等は出役者個々人にて持参する。（出役確認時伝える）
9. 作業日報の記入について
   ＊：当日の持ち込み機材（軽トラ・草刈り機等）の使用内容と時間を明確に記入する事。
10. 農舎は日々整理整頓に努めお互い作業がしやすいよう協力しよう。

以上

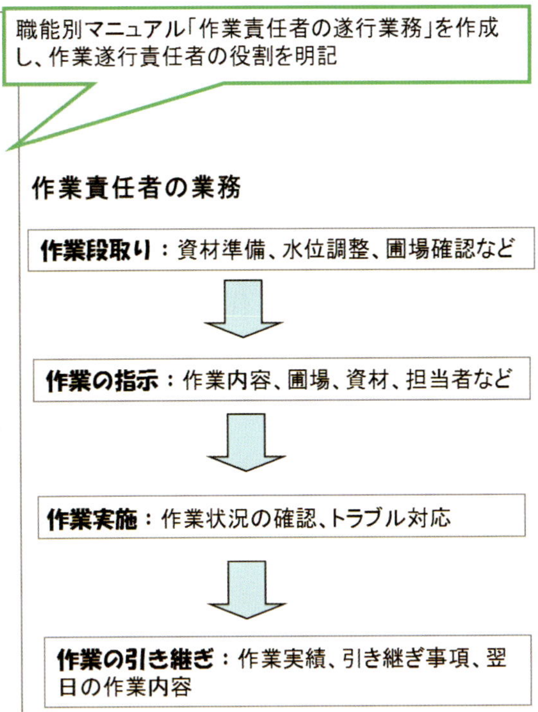

職能別マニュアル「作業責任者の遂行業務」を作成し、作業遂行責任者の役割を明記

作業責任者の業務

作業段取り：資材準備、水位調整、圃場確認など

作業の指示：作業内容、圃場、資材、担当者など

作業実施：作業状況の確認、トラブル対応

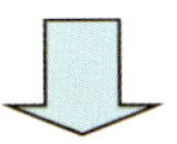

作業の引き継ぎ：作業実績、引き継ぎ事項、翌日の作業内容

図Ⅱ－11　作業責任者の役割

以上のとおり、N法人では、作業責任者制度を導入して15名の作業責任者が日替わりで作業責任者の業務を担当している。そして、作業責任者制度を円滑に運用するために、①作業日報の活用、②作業責任者の意識統一を図る取り組みなどの工夫を行っている。

【作業日報を活用した引き継ぎ】

N法人では、作業日報を活用して、作業の引き継ぎ事項等に関する情報の共有に取り組んでいる（図Ⅱ－12）。

N法人の作業日報の裏面には、当日の作業実績以外にも、翌日の作業予定，申し送り事項などの記入欄が設けられており、これらを活用しながら作業責任者間の引き継ぎの円滑化を図っている。申し送り事項の記載欄には、①機械・施設の調子や不具合、②圃場の状況や注意点、③生育状況や注意点など、作業を円滑に実施するために必要な情報が細かく記載されている。

作業日報の利用手順は以下のとおりである。

【作業日報の利用手順】
①作業責任者が当日の作業の状況を振り返り、「作業上の引き継ぎ事項」を記載

②翌日の作業責任者は、作業日報の「作業上の引き継ぎ事項」を確認して、作業の段取り・指示に反映する

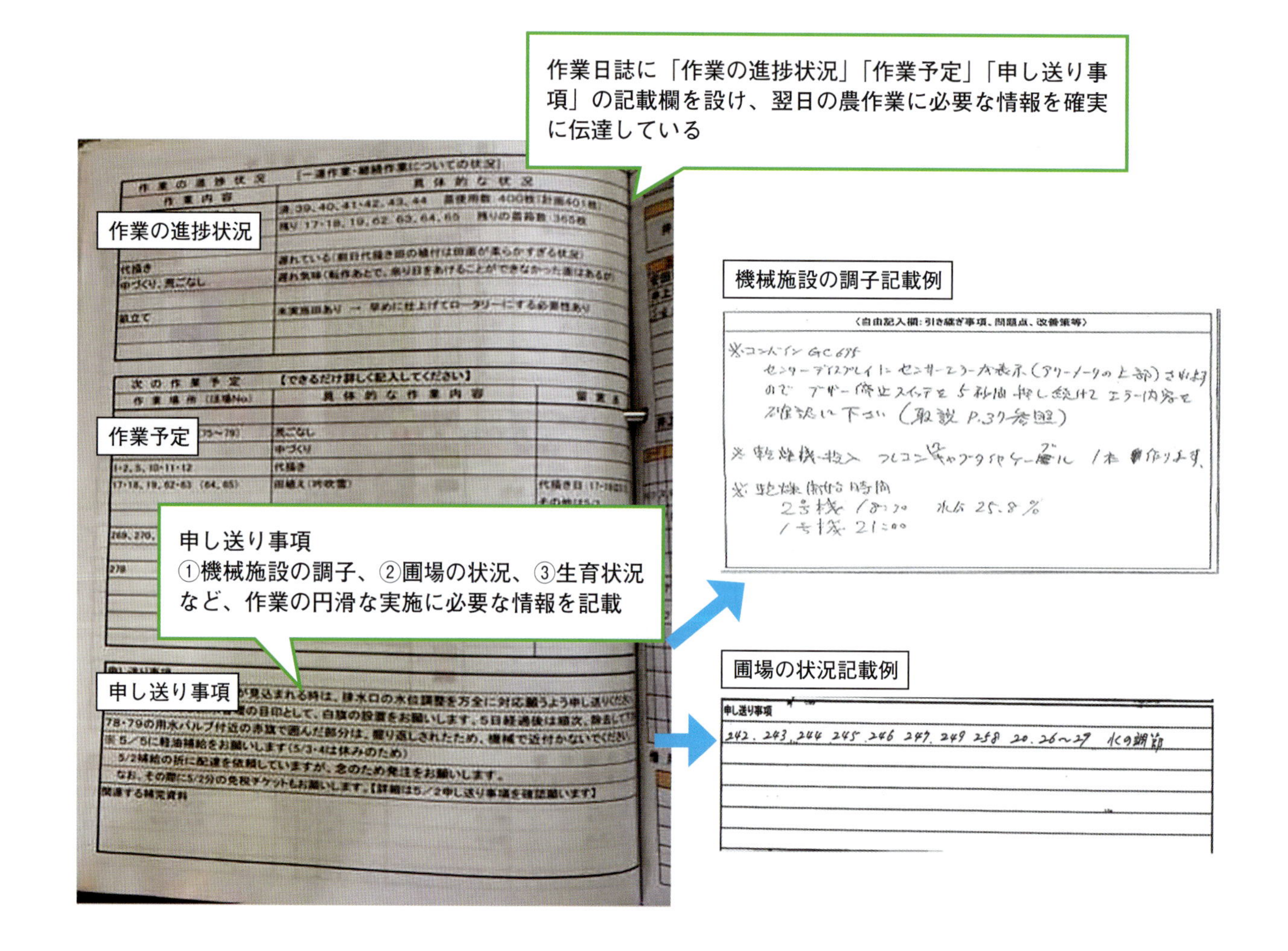

図Ⅱ－12　作業日報の活用

【作業責任者の共通認識と意識統一】

N法人では、15名の作業責任者が共通認識と意識統一を図りながら、作業責任者業務を行うための工夫を行っている。

具体的には、作業責任者が担当する重要な業務については、必要に応じて業務の徹底を図るためのポイントなどを提示した技術資料を作成し、作業責任者に提供している（図Ⅱ－13）。

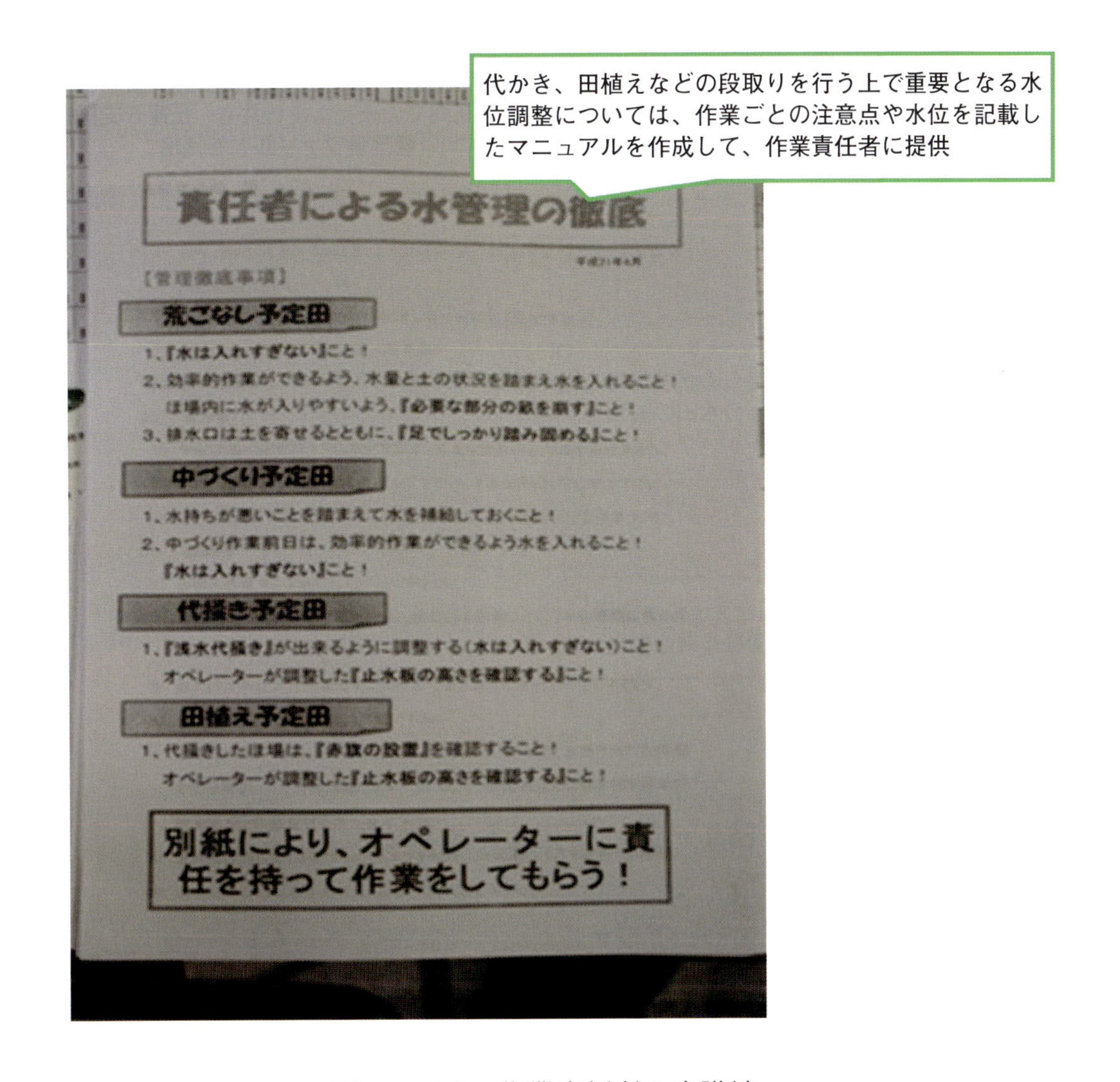

責任者による水管理の徹底

【管理徹底事項】

荒ごなし予定田

1、『水は入れすぎない』こと！
2、効率的作業ができるよう、水量と土の状況を踏まえ水を入れること！
ほ場内に水が入りやすいよう、『必要な部分の畝を崩す』こと！
3、排水口は土を寄せるとともに、『足でしっかり踏み固める』こと！

中づくり予定田

1、水持ちが悪いことを踏まえて水を補給しておくこと！
2、中づくり作業前日は、効率的作業ができるよう水を入れること！
『水は入れすぎない』こと！

代掻き予定田

1、『浅水代掻き』が出来るように調整する（水は入れすぎない）こと！
オペレーターが調整した『止水板の高さを確認する』こと！

田植え予定田

1、代掻きしたほ場は、『赤旗の設置』を確認すること！
オペレーターが調整した『止水板の高さを確認する』こと！

別紙により、オペレーターに責任を持って作業をしてもらう！

図Ⅱ－13　作業責任者の意識統一

２）構成員の職務分担の工夫：②管理者制度

Ｔ営農組合では、田植え、収穫などの機械作業は、構成員の出役作業により実施する一方で、水管理や畦畔管理、穂肥施用などの栽培管理作業を17名の管理者が分担して担当する作業実施体制を構築している（図Ⅱ－14）。

管理者は、定年退職をした構成員を中心メンバーとして配置するとともに、各管理者が所有する農地を基本に、担当する圃場を割り当てている。そして、管理者は各自が担当する圃場の水管理や畦畔管理、穂肥施用などの栽培管理作業を行っている。

このように、Ｔ営農組合では、栽培管理作業を管理者に割り当てることで、それぞれの管理者が責任を持って栽培管理に従事する体制を構築している。

また、多くの管理者を配置することは、集落営農に責任を持って関わる人材を確保・育成することにもつながり、構成員の集落営農に対する参画意識向上の面でも効果的である。

管理者による的確な作業実施支援、管理者・役員間での確実な情報共有・伝達を支援するために、「**管理者ファイル**」を活用

管理者の配置：定年退職をした構成員を中心メンバーとした管理者を配置

管理者の担当圃場：管理者は、自らの所有農地を基本に、各自の状況に応じて＋αの水田の栽培管理業務を担当

管理者の業務内容:管理者は、田植え後の水管理、穂肥施用、畦畔管理などの栽培管理作業を担当

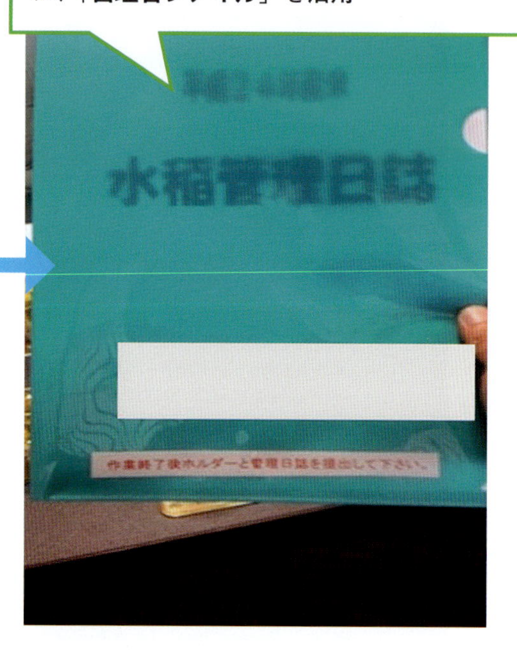

図Ⅱ－14　管理者制度の概要

Ｔ営農組合では､管理者制度を円滑に運用するために「管理者ファイル」を活用している。「管理者ファイル」とは、管理者の作業実施支援、管理者・役員間での確実な情報共有・伝達を図るためのファイルである。

管理者ファイルの運用に際しては、①役員→管理者に対しては、水管理などの作業方法を解説した作業要領などを提供して、管理者間の共通認識と意識統一を図るとともに、②管理者→役員に対しては、管理者が日々の管理作業の実績を管理日誌に記載して報告することで組織内での情報共有を図っている（図Ⅱ－15）。

このように、Ｔ営農組合では、「管理者ファイル」を活用することで、管理者制度を円滑に運用するための工夫を行っている。

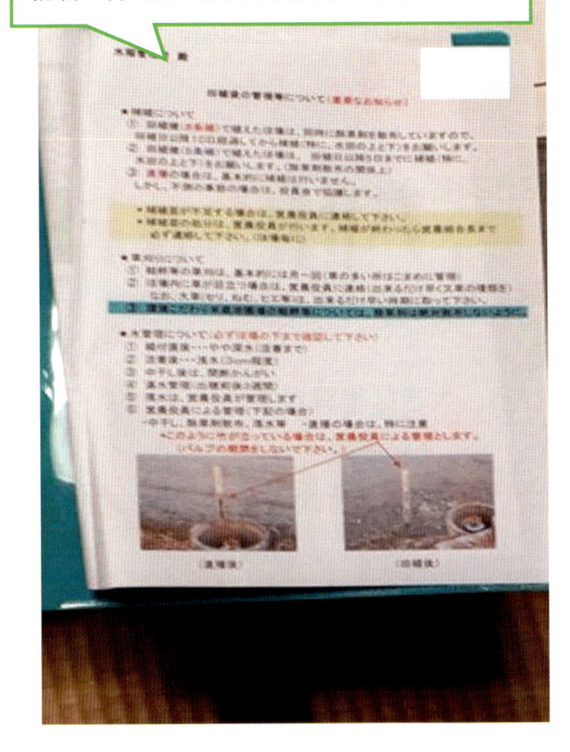

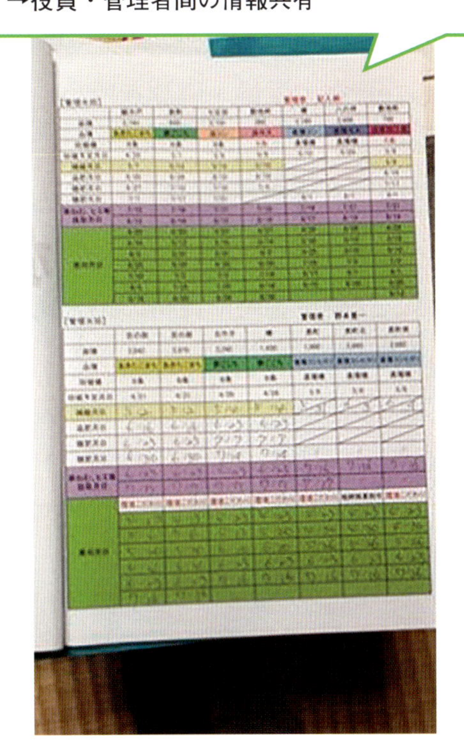

図Ⅱ－15　管理者ファイルの概要

３）作業内容の確実な伝達：①資材及び農具器具準備カード

「作業内容の確実な伝達」とは、作業内容を作業者に確実に伝達することで、作業のミスや間違いを未然に防ごうとするものである。農作業を間違いなく実施するためには、作業者全員に作業予定圃場、使用する資材・数量などの作業内容を確実に伝達することが基本となる。そのための対策として、圃場名や面積を記載した圃場看板の設置や当日の作業内容を記載した作業指示書を作成するなどの方法がある。

例えば、N法人では、作業当日の圃場・面積、使用資材・量を記載した「資材及び農具器具準備カード」を作成し、当日の作業内容の確実な伝達を図っている（図Ⅱ－16）。

「資材及び農具器具準備カード」の運用手順は以下のとおりである。

【資材及び農具器具準備カードの利用手順】

①作業責任者が、「資材及び農具器具準備カード」に翌日の作業予定圃場、投入資材・数量を記入し、資材の準備・確認を行う

②作業当日に「資材及び農具器具準備カード」を作業者に配布する

③作業者は、作業実施時に資材の投入実績を記録する

④資材投入の予定量と実績量の差異を確認しながら、大きな差異が生じた場合は、投入量を調整する

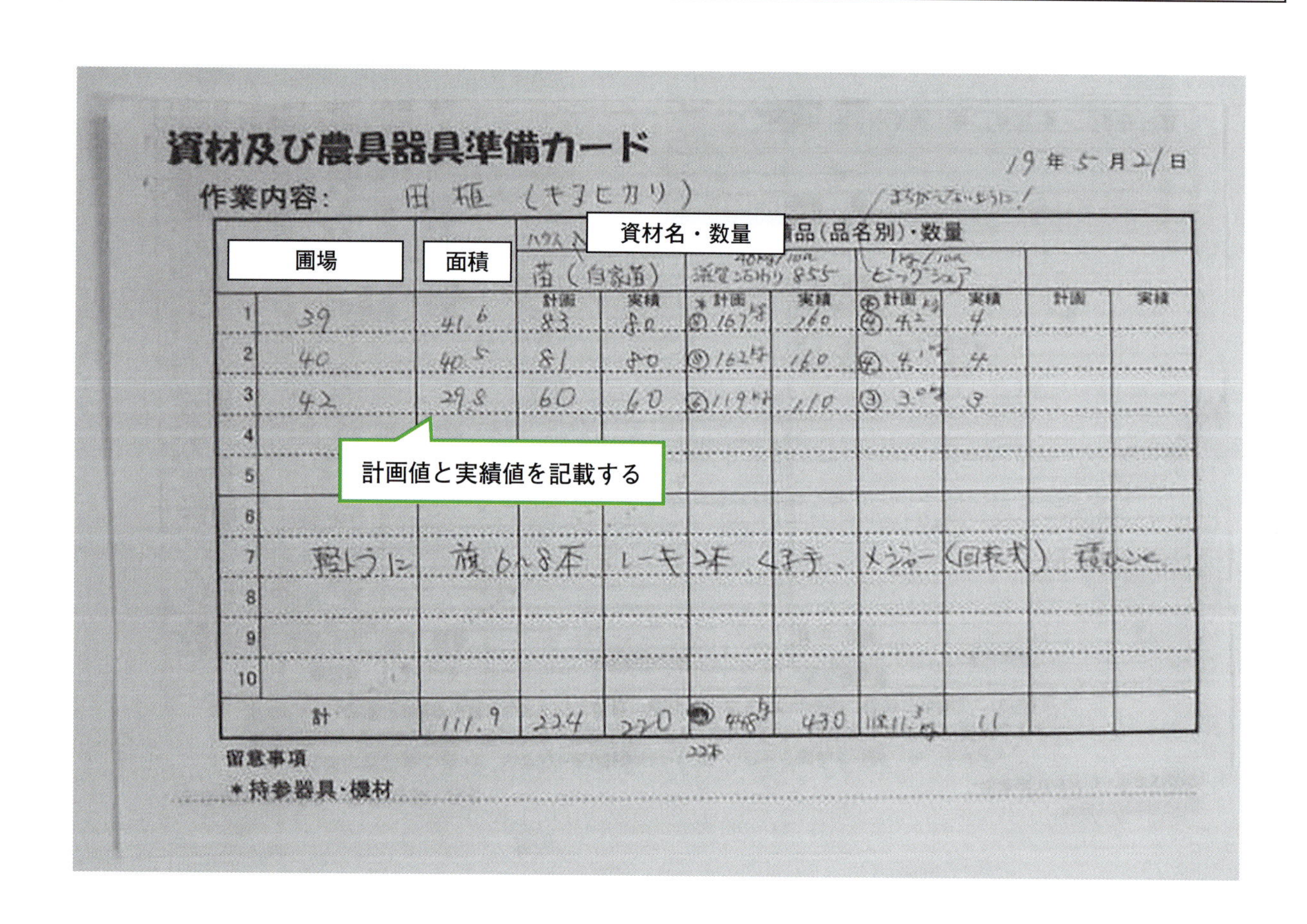

資材及び農具器具準備カード

19年5月21日

作業内容：田植（キヌヒカリ）

	圃場	面積	苗（自家苗） 計画	実績	計画	実績	計画	実績	計画	実績
1	39	41.6	83	80	167	160	4.2	4		
2	40	40.5	81	80	162	160	4.1	4		
3	42	29.8	60	60	119	110	3.0	3		
4										
5										
6										
7										
8										
9										
10										
計		111.9	224	220	448	430	11.3	11		

留意事項

＊持参器具・機材

図Ⅱ－16　資材及び農具器具準備カード

4）作業内容の確実な伝達：②作業予定表の作成

Ｔ営農組合では、担当役員が、作業当日の圃場・面積、使用資材・量を記載した作業予定表を作成して、作業者に配布し、当日の作業内容の確実な伝達を図っている。

例えば、田植作業の指示書には、圃場名、面積、品種、使用苗箱数、注意点など作業に必要な情報をわかりやすく記載している（図Ⅱ－17）。

このように、作業者に作業指示書を配布することで、作業指示の内容を確実に伝達することができ、作業指示の行き違いによる作業のミスや間違いを防止する効果が期待できる。

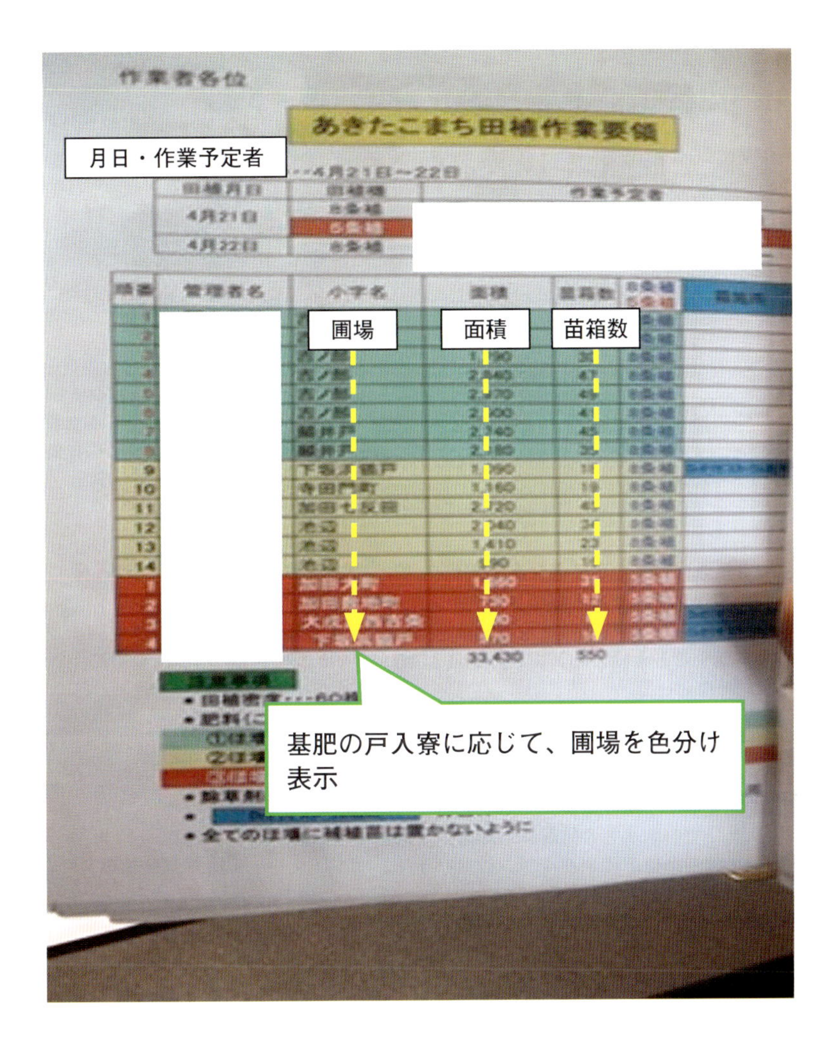

図Ⅱ－17　作業予定表（田植え作業）の例

２．作業方法の習得を支援する

集落営農では、作業に対する経験や知識が異なる様々な構成員が参画して農作業を行うことが多い。このため、集落営農において農作業を円滑に実施するためには、作業方法の習得を支援する取り組みが求められる。

作業方法の習得を支援することで、①作業精度、作業能率のバラツキの解消、②収量・品質の向上、③修繕費の低減など生産性向上への効果を期待できる。

作業方法の習得を支援する方法として、①マニュアルの作成、②講習会の開催（機械操作等）、③作業時の指導（OJT）などの取り組みがある。以下に、マニュアル作成の取り組み事例を紹介する。

１）マニュアルの作成事例

Ｎ法人では、集落営農設立当初からマニュアルの作成に取り組み、①職務別マニュアル、②作業マニュアルなど約50種類のマニュアルを作成して構成員に提供している。

【職務別マニュアル】

「職務別マニュアル」とは、作業責任者やオペレーターなどの職務別に業務内容を記載したものである（図Ⅱ－18）。例えば、オペレーター用マニュアルでは、圃場の確認、作業機の点検・消耗部品の確認・掃除など合計15項目の業務内容を具体的に明記している。

このように、具体的な職務内容を明示することで、それぞれの担当業務に対する共通認識と意識統一を図ることができる。

2005. 4. 17改
西老蘇営農組合
設備・機械部

オペレータの遂行業務

1.　作業内容
　1：当日の責任者の作業指示により実施する。
　2：責任者の不在日は、作業日報綴りの作業計画書及び前日よりの申し送り内容を確認の上、作業に当たる。尚燃料の補充購入をすること。
　3：ほ場を異動するときは、おおまかに土落しをして道路上の落土防止に努める。
2.　機械作業のほ場確認
　1：トラクターでの耕運作業は、耕転の深さを絶えず確認して、一定の深さに努力しほ場の四隅まで未耕転が無い様心掛ける。
　2：トラクターでの耕運作業は、ほ場の均平を考え何時も高低差を少しでも直す様運転に心掛けること。（出入り口に土を溜めないこと）
　3：トラクターでの入水時の耕運は出来る限り浅水での作業に努めること。
　4：ほ場での作業では、用水バルブ、吸気パイプ、畦半・土手・側溝等充分確認して、機械の無理や破損に注意すること。
　5：機械作業での、播種・施肥・耕転・防除等全ての作業において、丁寧に行い後で手間のかからない様に絶えず努力をする。
3.　作業機械の点検・消耗部品の確認・清掃
　1：作業機械の始業・作業中・終業点検は機械使用日報綴りの手順により、安全に充分注意して確実に実行する事。
　2：作業終了時の点検時消耗部品の確認と給油を厳守し、日報に記載する。
　3：作業終了後簡単な清掃（土落し程度）を行い農舎収納する。但し作業内容によりほ場に留置する場合もある。（農舎には極力土を持ち込まないこと）
　4：機械に異常が発生したり、気になる状況(異音や部品の脱落等)については設備機械部長又は役員に連絡する。
4.　機械使用日報の記載
　1：機械使用日報の記載事項は必ず記入する事。
　2：機械に関する諸状況の伝言・申し送りを必ず記入する事。
　3：責任者不在日は、作業日報の記入も必ず行い次ぎへ廻すこと。

図Ⅱ－18　職務別マニュアル

【作業マニュアル】

農作業には、田植え、代掻き、刈り取りのように機械を操作する作業もあれば、育苗管理、水管理などのように機械操作を伴わない作業もある。Ｎ法人では、機械作業を中心に作業の性質に応じたマニュアルを作成している。

○機械作業マニュアル

Ｎ法人が作成する「機械作業マニュアル」では、機械操作の基本的事項（速度・回転数など）や作業経路（コース取り・旋回方法など）、作業上の注意点などが記載されており、作業の内容に応じて圃場図や計算式を示すなど、誰もがわかりやすく理解できるように配慮されている（**図Ⅱ－19**）。

そして、その内容は、「作業時にこれだけは守ってほしい」という作業の基本的な内容が中心となっており、マニュアルを読むことで、経験の浅いオペレーターでも作業の基本を理解できるように工夫している。

なお、これらのマニュアルは、作業者の意見を取り入れながら見直すとともに、機械の操作席や事務所内に保管して、いつでも閲覧できるようにしている。

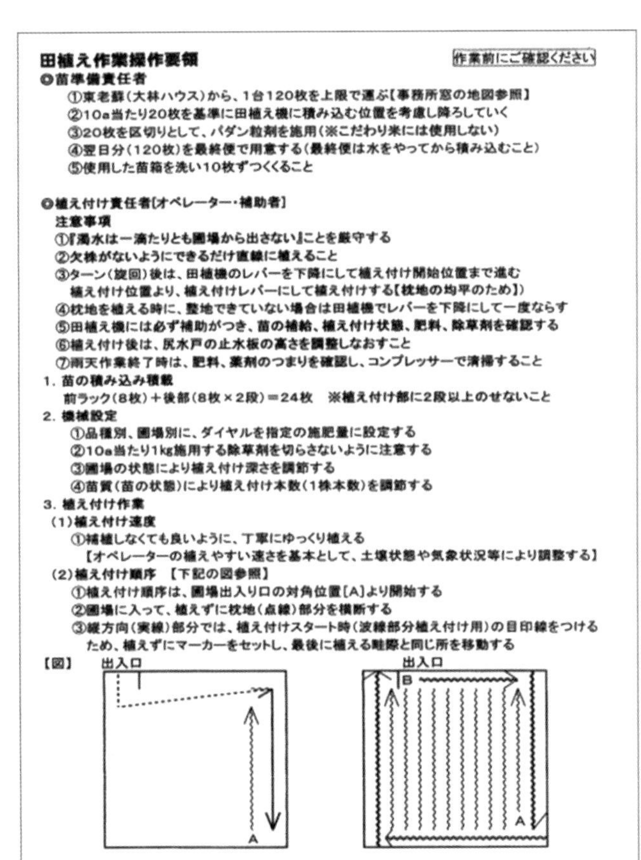

田植え作業操作要領　作業前にご確認ください

◎苗準備責任者
①東老蘇（大林ハウス）から、1台120枚を上限で運ぶ【事務所窓の地図参照】
②10a当たり20枚を基準に田植え機に積み込む位置を考慮し降ろしていく
③20枚を区切りとして、パダン粒剤を施用（※こだわり米には使用しない）
④翌日分（120枚）を最終便で用意する（最終便は水をやってから積み込むこと）
⑤使用した苗箱を洗い10枚ずつくくること

◎植え付け責任者【オペレーター・補助者】
注意事項
①『濁水は一滴たりとも圃場から出さない』ことを厳守する
②欠株がないようにできるだけ直線に植えること
③ターン（旋回）後は、田植機のレバーを下降にして植え付け開始位置まで進む
植え付け位置より、植え付けレバーにして植え付けする【枕地の均平のため】）
④枕地を植える時に、整地できていない場合は田植機でレバーを下降にして一度ならす
⑤田植え機には必ず補助がつき、苗の補給、植え付け状態、肥料、除草剤を確認する
⑥植え付け後は、尻水戸の止水板の高さを調整しなおすこと
⑦雨天作業終了時は、肥料、薬剤のつまりを確認し、コンプレッサーで清掃すること

1．苗の積み込み積載
前ラック（8枚）＋後部（8枚×2段）＝24枚　※植え付け部に2段以上のせないこと

2．機械設定
①品種別、圃場別に、ダイヤルを指定の施肥量に設定する
②10a当たり1kg施用する除草剤を切らさないように注意する
③圃場の状態により植え付け深さを調節する
④苗質（苗の状態）により植え付け本数（1株本数）を調節する

3．植え付け作業
（1）植え付け速度
①補植しなくても良いように、丁寧にゆっくり植える
【オペレーターの植えやすい速さを基本として、土壌状態や気象状況等により調整する】
（2）植え付け順序　【下記の図参照】
①植え付け順序は、圃場出入り口の対角位置［A］より開始する
②圃場に入って、植えずに枕地（点線）部分を横断する
③縦方向（実線）部分では、植え付けスタート時（波線部分植え付け用）の目印線をつけるため、植えずにマーカーをセットし、最後に植える畦際と同じ所を移動する

【図】

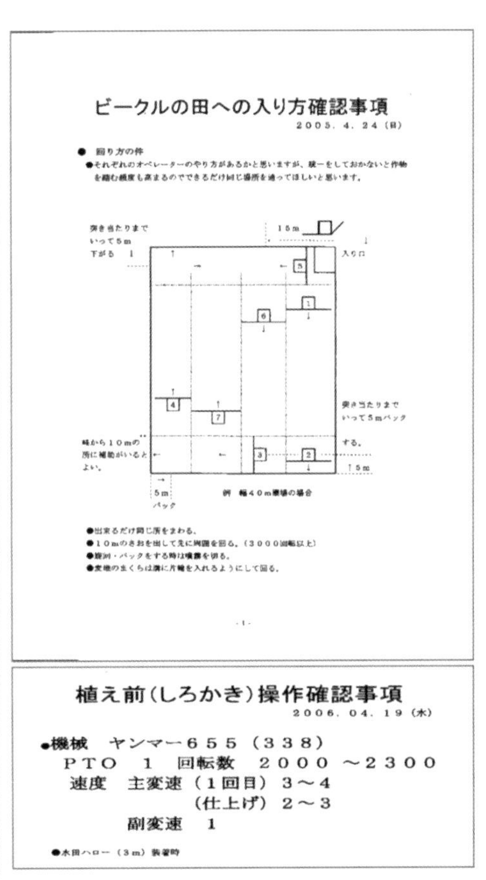

ビークルの田への入り方確認事項
2005．4．24（日）

● 回り方の件
●それぞれのオペレーターのやり方があるかと思いますが、統一をしておかないと作物を踏む頻度も高まるのでできるだけ同じ場所を通ってほしいと思います。

●出来るだけ同じ所をまわる。

-1-

植え前（しろかき）操作確認事項
2006．04．19（水）

●機械　ヤンマー６５５（３３８）
ＰＴＯ　１　回転数　２０００～２３００
速度　主変速（１回目）３～４
（仕上げ）２～３
副変速　１

●水田ハロー（3m）装着時

図Ⅱ－19　作業マニュアルの一例

○運転操作基準

この他にも、N法人では、機械作業では、トラクターの機種別作業別のエンジン回転数、ＰＴＯ、主変速・副変速などの目安を記載した「運転操作基準」を作成している（図Ⅱ－20）。

トラクター作業別運転操作基準　　2013－3　機械部

下記操作基準にてオペレーションを実施すること。
標準外作業を実施する場合は機械部長の指示に従い操作すること。
エンジン回転は、作業及びほ場条件を考慮し、可能な範囲で下げること。

メーカー	機種	作業名	エンジン回転rpm	PTO	主変速	副変速	深さ レバー	深さ cm	摘要 調整事項等
ヤンマー	FG 83	耕耘	2,000以下	1	1	2		10	
		荒こなし	2,000以下	1	1	2		15	
		中つくり	2,000以下	1	1	2		15	
		ハロー	1,800以下	1	1	1，2下			
		播種	2,000以下	1	1	1.8～2		10	アップカット
	AF655	耕耘	2,000以下	1	3	2		10	
		畝立	2,000以下	1	3	2		10	
		荒こなし	2,000以下	1	3	2		15	
		中つくり	2,000以下	1	3	2		15	
		ハロー	2,000以下	1	2	1			
		マニア	1～2,000	1	1～6	2～3			
	EF 338	耕耘	2,000以下	1	2	1		10	
		畝立	2,000以下	1	2	1		10	
		荒こなし	2,000以下	1	2	1		15	
		中つくり	2,000以下	1	2	1		15	
		溝切り	全開	1	1	1	15～25調整		
ヰセキ	TJ 65	耕耘	2,000以下	1	3～4	中速		10	
		荒こなし	2,000以下	1	3～4	中速		15	
		中つくり	2,000以下	1	3～4	中速		15	
		ハロー	2,000以下	1	3～4	中速			
		レベラー	1.8～2千		6～8	中速			
	AT 500	耕耘	1.8～2千	1	5～6	中速		10	
		畝立	1.8～2千	1	5～6	中速		10	
		荒こなし	1.8～2千	1	5～6	中速		15	
		中つくり	1.8～2千	1	5～6	中速		15	
		モアー	1.5～				調整		
		溝切り					15～25調整		
		畦付							
	AT 370	耕耘	2,000以下	1	中	5		10	
		畝立	2,000以下	1	中	5		10	
		荒こなし	2,000以下	1	中	5		15	
		中つくり	2,000以下	1	中	5		15	
		溝切り	2,500以下	1			15～25調整		
		モアー	1,800	1					
		畦付け							
	TH 205	畝立							
		モアー							
		中耕	2,000以下	1	中	3			
	SIAL23	畝立							
		中耕	全開	1	1	2			
		片培土							

図Ⅱ－20　運転操作基準

○一般作業（育苗管理、水管理など）

N法人では、育苗管理や水管理などの一般作業においても作業マニュアルを作成している。

例えば､N法人が作成した「水稲の育苗管理要領」では､育苗ステージに応じた温度管理の目安、ハウスサイド開閉のノウハウおよび注意点、灌水操作の手順および育苗ステージに応じた灌水量の目安などが具体的に記載されている（図Ⅱ－21）。

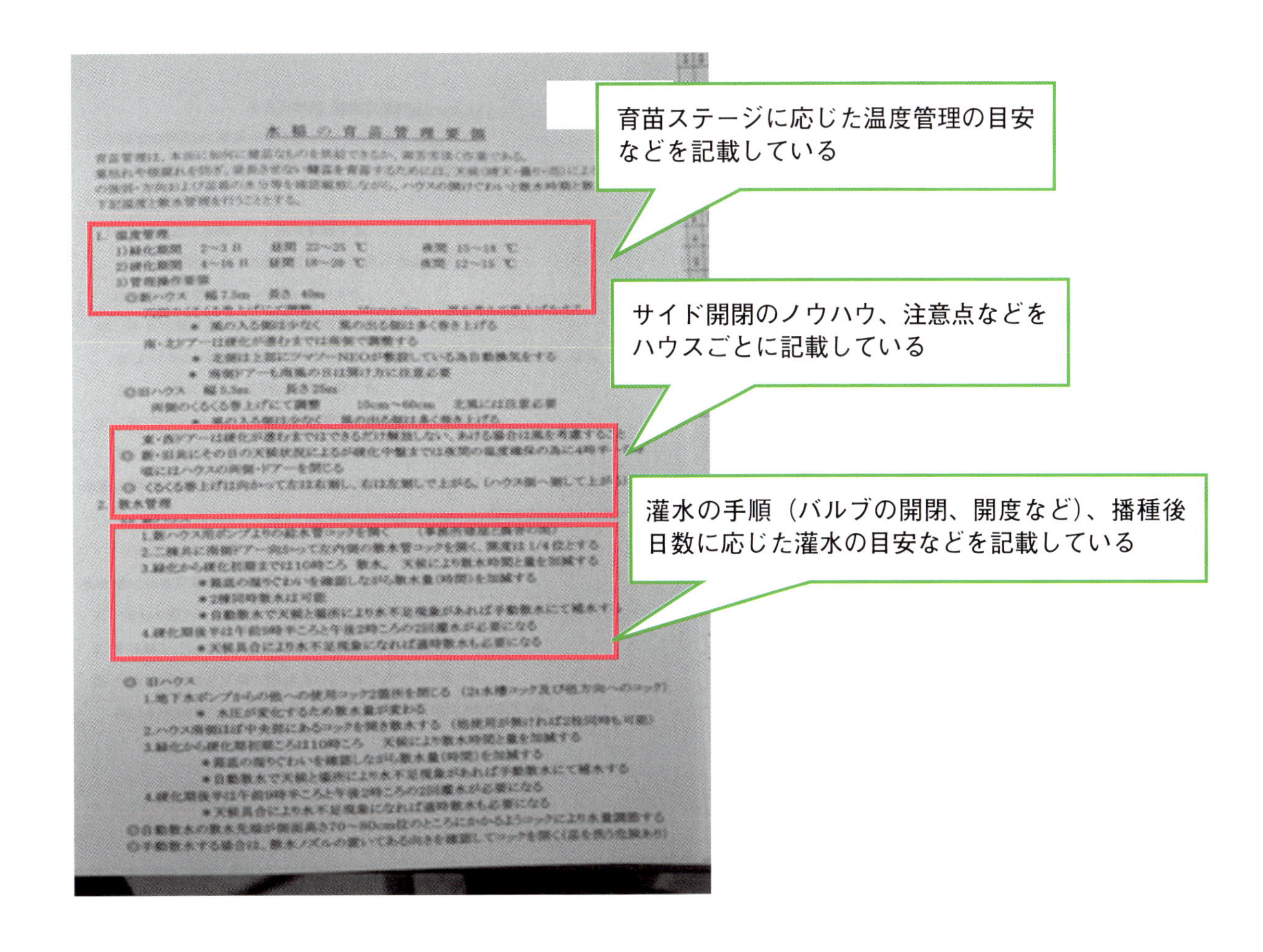

図Ⅱ－21　育苗管理要領

２）チェックリストの活用

Ｆ法人（個別経営）では、「作業チェックシート」を作成して、作業方法の習得支援に取り組んでいる（図Ⅱ－22）。

「作業チェックシート」には、作業の目的や段取り、作業の注意点、作業終了後の確認事項などをチェック項目として設定している。

チェックシートを活用することで、作業の基本事項が確認できるとともに、オペレーター間の共通認識と意識統一、作業時の意識レベルの向上などの効果を期待できる。

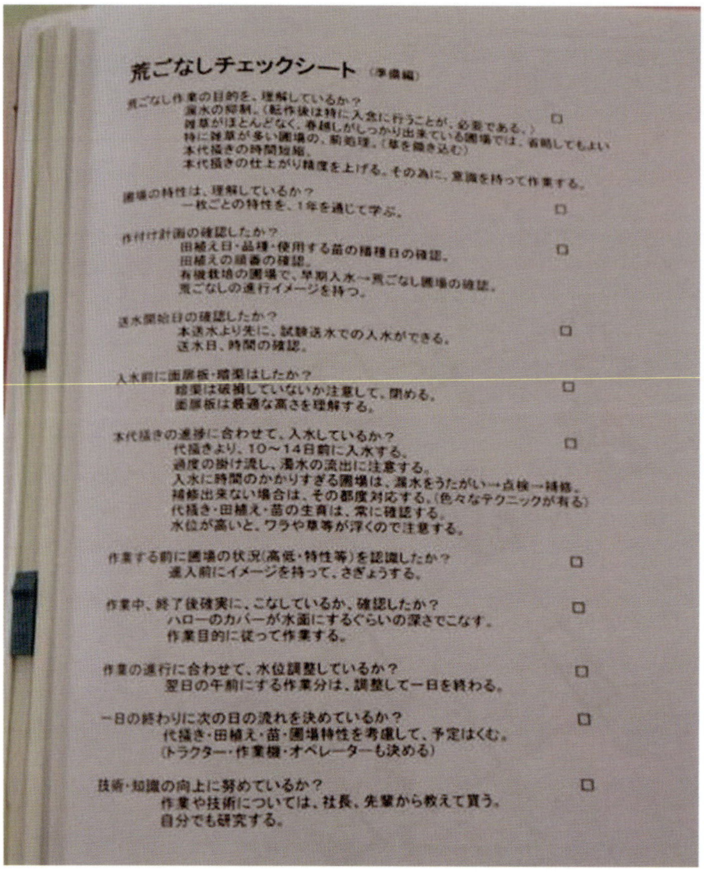

荒ごなしチェックシート（準備編）

荒ごなし作業の目的を、理解しているか？ □
漏水の抑制。（耕作後は特に入念に行うことが、必要である。）
雑草がほとんどなく、春耕しがしっかり出来ている圃場では、省略してもよい
特に雑草が多い圃場の、前処理。（草を鋤き込む）
本代掻きの時間短縮。
本代掻きの仕上がり精度を上げる。その為に、意識を持って作業する。

圃場の特性は、理解しているか？
一枚ごとの特性を、1年を通じて学ぶ。 □

作付け計画の確認したか？
田植え日・品種・使用する苗の播種日の確認。 □
田植えの順番の確認。
有機栽培の圃場で、早期入水→荒ごなし圃場の確認。
荒ごなしの進行イメージを持つ。

送水開始日の確認したか？
本送水より先に、試験送水での入水ができる。 □
送水日、時間の確認。

入水前に畦畔板・暗渠はしたか？
暗渠は破損していないか注意して、閉める。 □
畦畔板は最適な高さを理解する。

本代掻きの進捗に合わせて、入水しているか？ □
代掻きより、10～14日前に入水する。
過度の掛け流し、濁水の流出に注意する。
入水に時間のかかりすぎる圃場は、漏水をうたがい→点検→補修。
補修出来ない場合は、その都度対応する。（色々なテクニックが有る）
代掻き・田植え・苗の生育は、常に確認する。
水位が高いと、ワラや草等が浮くので注意する。

作業する前に圃場の状況（高低・特性等）を認識したか？ □
進入前にイメージを持って、さぎょうする。

作業中、終了後確実に、こなしているか、確認したか？ □
ハローのカバーが水面にするぐらいの深さでこなす。
作業目的に従って作業する。

作業の進行に合わせて、水位調整しているか？ □
翌日の午前にする作業分は、調整して一日を終わる。

一日の終わりに次の日の流れを決めているか？ □
代掻き・田植え・苗・圃場特性を考慮して、予定はくむ。
（トラクター・作業機・オペレーターも決める）

技術・知識の向上に努めているか？ □
作業や技術については、社長、先輩から教えて貰う。
自分でも研究する。

図Ⅱ－22　作業チェックシートの一例

３）画像・映像の活用

マニュアルを作成する際は、画像や映像を活用することで、誰もがわかりやすいマニュアルを作成することができる。

例えば、G法人では若手オペレーターが中心となり、だれもが一目でわかるように、画像を多く使用した作業マニュアルを作成している（図Ⅱ－23）。

また、近年では、アウトドア用向けなどに装着型ビデオカメラが多くのメーカーから市販されている。装着型ビデオカメラを活用することで、作業のポイントを解説しながら映像を撮影することが可能となることから、農作業における映像マニュアル作成のツールとしての活用が期待できる。

以上のとおり、農作業におけるマニュアルの作成事例を紹介した。農業生産現場でマニュアルの話をすると、「農作業をマニュアル化することはできない」との意見を耳にすることも多い。しかし、今回紹介した事例のように、“マニュアル化できるところだけでもマニュアル化する”ことは、作業方法の習得を支援する方法として役立つものである。

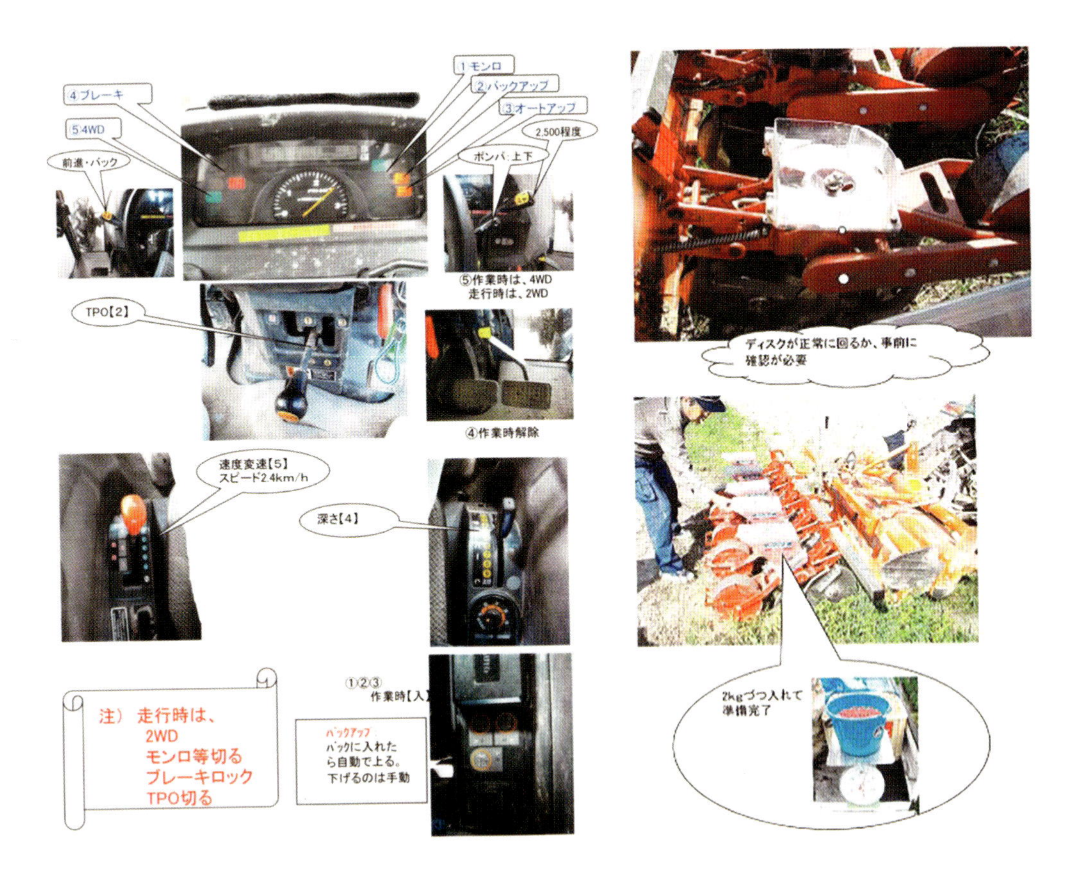

図Ⅱ－23　画像を活用したマニュアル

4）５Ｓ

“５Ｓ”とは、工場などの製造業の現場で、作業を行う上での基本事項として重要視されているものであり、その内容は、「整理」「整頓」「清掃」「清潔」「躾（しつけ)」の５つで構成される。

“５Ｓ”の内容は、どれもが当たり前で特別なことではないが、「農舎の整理・整頓ができていない」などの問題点を抱える組織も多い。

農業生産現場においても“５Ｓ”は重要な事項であり、まずは、「整理」「整頓」などの基本的な事項から、“５Ｓ”の取り組みを組織に浸透させていくことが望ましい。

【“５Ｓ”の内容】

①「整理」：不要なものを捨てる
②「整頓」：置き場所を決め、すぐ取り出せるようにする
③「清掃」：掃除をして仕事場をキレイにし，細部を点検できるようにする
④「清潔」：上の３つの「Ｓ」を継続させておくこと
⑤「躾（しつけ）」：上の４つを常に実行できるように身につけること

【整理・整頓の取り組み事例】

農業法人における整理・整頓の取り組み事例を紹介する。

この事例では、①工具の形を記した工具置場を設ける（形跡管理）、②工具を持ち出す際は、名札をかけることをルールにすることで、工具置場の整理・整頓を図っている（図Ⅱ－24）。

図Ⅱ－24　工具置場の整理・整頓

３．構成員の意識を改革する

農作業を的確に実施するためには、実際に作業に従事する構成員の意識改革への取り組みも重要となる。特に集落営農では、多くの構成員が農作業に参画することから、生産活動のステップアップを図るためには、１人ひとりの構成員の意識レベルの向上に努めていくことが求められる。

構成員の意識改革を行うための方法として、①作業時の意識付け、②問題点・課題の提示などへの取り組みがある（図Ⅱ－25）。

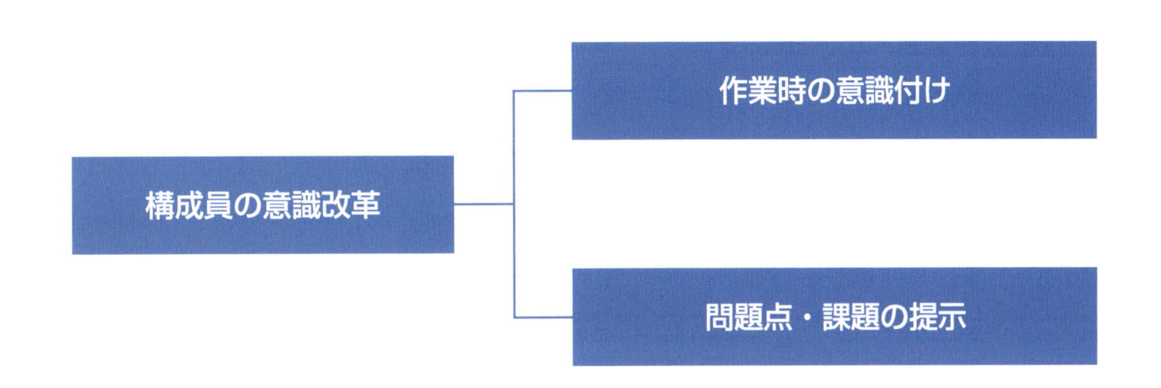

図Ⅱ－25　構成員の意識改革のポイント

１）作業時の意識付け：①栽培管理こだわり目標の設定

作業時にわかりやすい目標を設定して浸透させることは、作業時の意識付けを図る方法として有効である。例えば、Ｎ法人では、毎年の栽培管理を改善するために、１品目・１項目の「栽培管理こだわり目標」を設定している。

「栽培管理こだわり目標」は、関連する作業時期に、作業責任者から作業者に繰り返し伝達することにより、構成員の作業に対する意識改革を図っている。

なお、栽培管理目標の設定に際しては、あれもこれもと多くの目標を設定せず、１品目・１項目の目標を設定し、構成員に繰り返し伝えていくことがポイントである。

【栽培管理こだわり目標の設定】

①役員会などで毎年の生産活動を振り返り、問題点や課題を話し合う

②次年度に向けて改善が求められる項目を品目ごとに１つ選定して、「栽培管理こだわり目標」として設定する

③栽培管理目標は、日々の作業の中で、作業責任者から作業者に対して繰り返し伝達することにより構成員全員への浸透を図る

（栽培管理こだわり目標の設定例）

水稲：中干しの徹底

麦類：排水対策の徹底

大豆：播種作業適正化

２）作業時の意識付け：②トラブル報告書

農作業では、オペレーターの不注意など、機械操作の単純ミスで機械が故障する状況に直面することも多い。こうした問題を解決するためには、作業者の意識付けを行うことが求められる。

例えば、F法人（個別経営）では、「トラブル報告書」を活用して、機械故障やトラブル再発防止のための作業者の意識付けを図っている（図Ⅱ－26）。

トラブル報告書の運用手順は以下のとおりである。F法人では、トラブルの原因を記録して再発防止方策を検討することで、従業員の意識付けに努めている。

【トラブル報告書の運用手順】

①機械操作などのトラブルが発生した場合、当事者がトラブル報告書に記入する

②「トラブル報告書」を関係者内で共有する

③類似するトラブルの発生頻度が高い場合は、トラブル回避のために改善策やルールを検討する

記載内容：
トラブル報告書（個別経営の事例）では、作業の当事者が①発生日時、②原因、③対策を記載するとともに、経営者がコメント欄に留意点を記載している

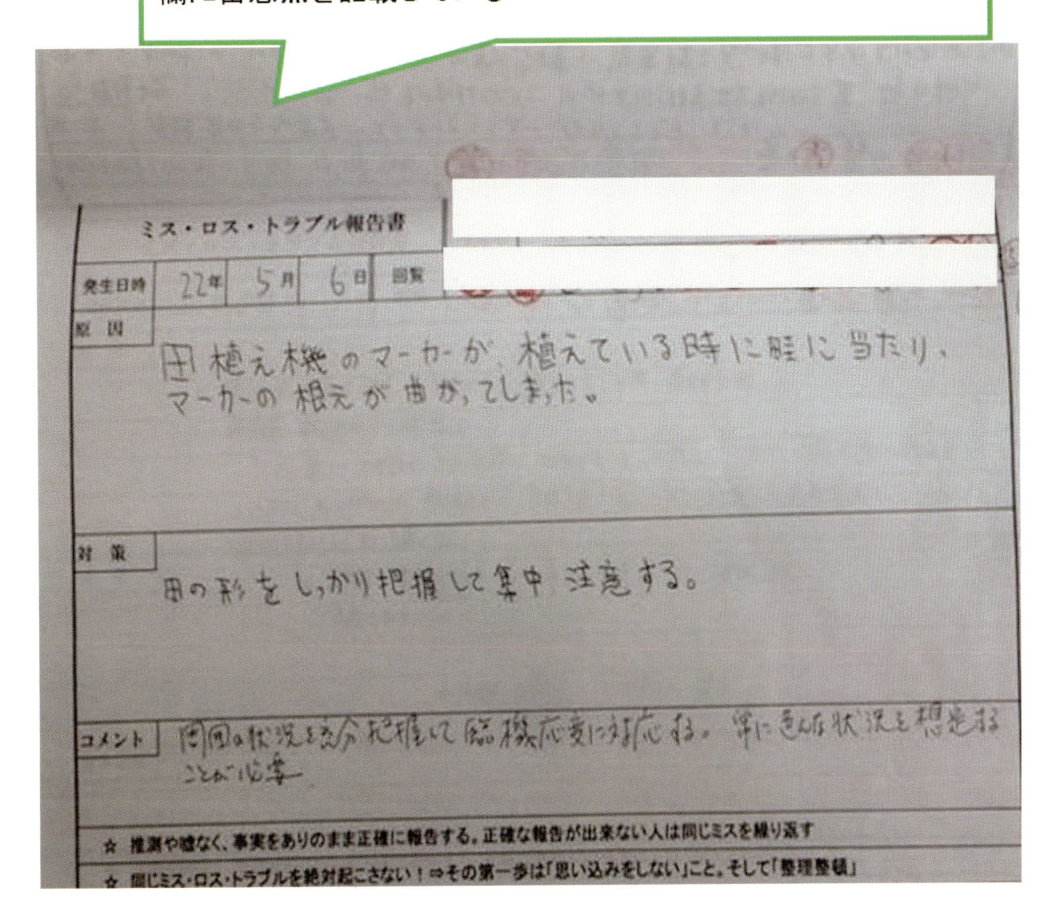

ミス・ロス・トラブル報告書

発生日時	22年	5月	6日	回覧

原因
田植え機のマーカーが、植えている時に畦に当たり、マーカーの根元が曲がってしまった。

対策
田の形をしっかり把握して集中 注意する。

コメント
周囲の状況を充分把握して臨機応変に対応する。常に色んな状況を想定することが必要

☆ 推測や嘘なく、事実をありのまま正確に報告する。正確な報告が出来ない人は同じミスを繰り返す
☆ 同じミス・ロス・トラブルを絶対起こさない！⇒その第一歩は「思い込みをしない」こと。そして「整理整頓」

図Ⅱ－26　トラブル報告書

３）問題点・課題の提示

N法人では、生産活動の実態を農舎内の掲示板や総会資料などをとおして情報発信し、生産活動に関わる問題点や課題を組織全体で共有することで、構成員の意識改革に努めている。

例えば、以下のとおり、水稲の収量、品質、作業時間の推移を具体的な根拠に基づき提示している（図Ⅱ－27）。

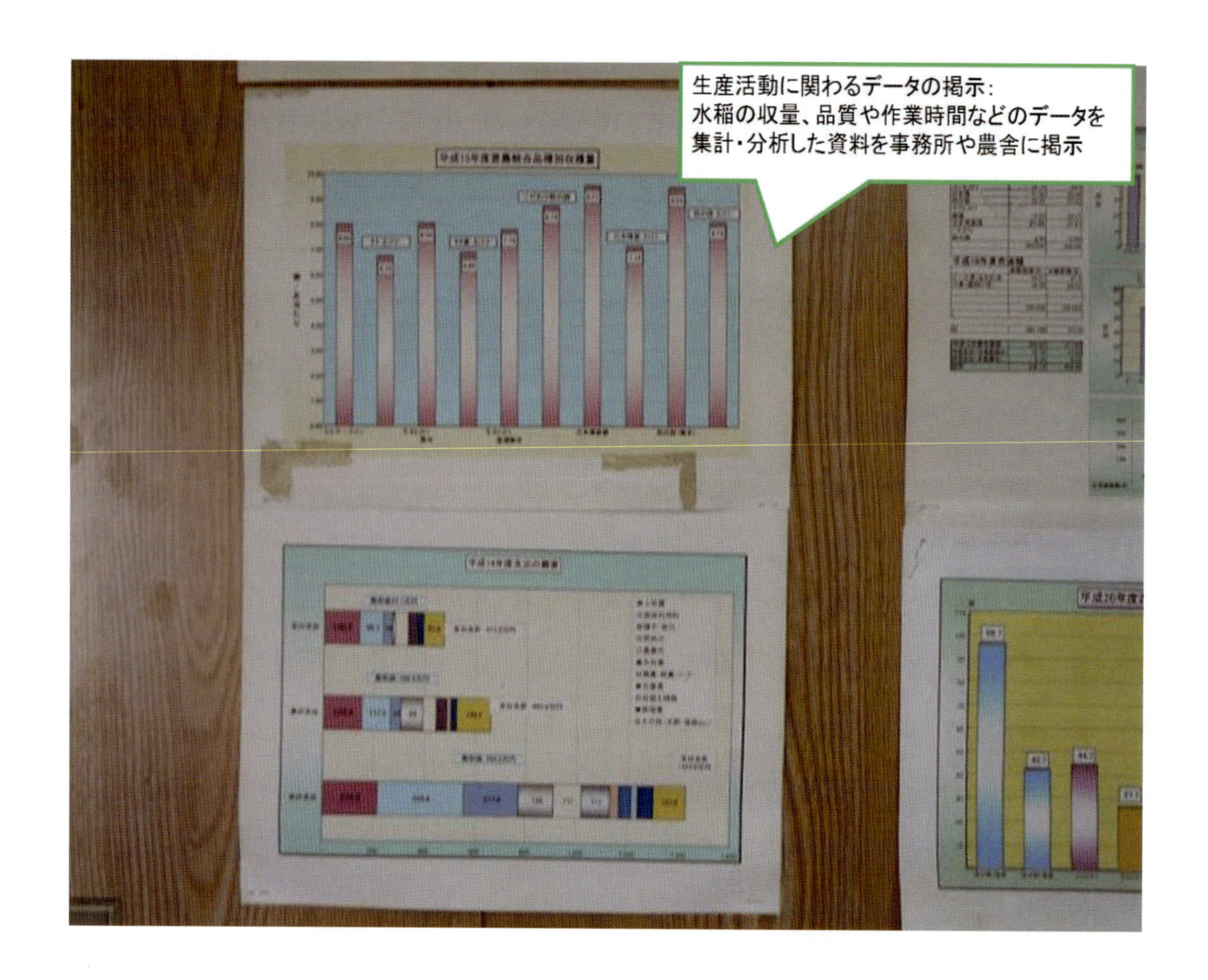

図Ⅱ－27　問題点・課題の提示

第４節　評価・改善

１．営農活動の数値化

生産活動のステップアップを図るには、毎年の生産活動の結果を評価して、次年度以降の改善につなげていくことが重要である。

特に、集落営農では、多くの構成員が参画して運営を行うため、構成員内で「課題に対する意識統一が難しい」「将来への危機感が醸成されない」などの問題点に直面する組織も多い。

また、農作業は生育ステージや時期に応じて集中的に作業を行うため、農繁期などは時間を確保することが難しく、農閑期などに改善策を検討しようとしても、記憶があいまいになり具体的な検討ができないことも多い。

こうした問題を解決するためには、作業時間や収益性など生産活動の実態を数値化することなどにより、営農活動の問題点や課題を誰もが客観的に把握できるようにするための取り組みが有効である。

２．取り組み事例

日々の生産活動の実態を具体的データに基づき把握することは、作業体系や作業方法の見直し・改善などの検討を行う上で重要である。

例えば、N 法人では、生産活動の実績を記録して作業時間や収益性（利益、原価など）の実態を数値化し、生産活動の評価・改善に取り組んでいる。

具体的には、①農作業を約 50 種類に分類し、作業時間や作業実施圃場を作業日報に記録する、②農薬や肥料などの投入実績を記録する、③乾燥機への投入ロット単位で収量を記録するとともに、その他会計情報（減価償却費など）と併せて分析用ソフトウェアに入力することで、収益性（利益、原価）や作業時間を分析している（図Ⅱ－ 28、29）。

これらのデータは、品目、品種、栽培方法、圃場単位などに集計分析でき、これらの分析結果を用いて役員会などで品目選択、作業体系や作業方法の見直し・改善などの検討を行っている。

具体的な活用場面としては、例えば、収益性の分析結果を活用し、５年間の品目別作付計画を策定し、経営目標実現に必要な作付計画（品目構成や作付面積）を具体化している（図Ⅱ－ 30）。

また、作業時間のデータを活用して、作業能率のバラツキなどを分析し、作業の改善方策を検討している。

以上のとおり、N法人では、生産活動の実態を数値化することで具体的な根拠に基づいて、生産活動の改善に向けた取り組みを進めている。

【作業日報の記録】

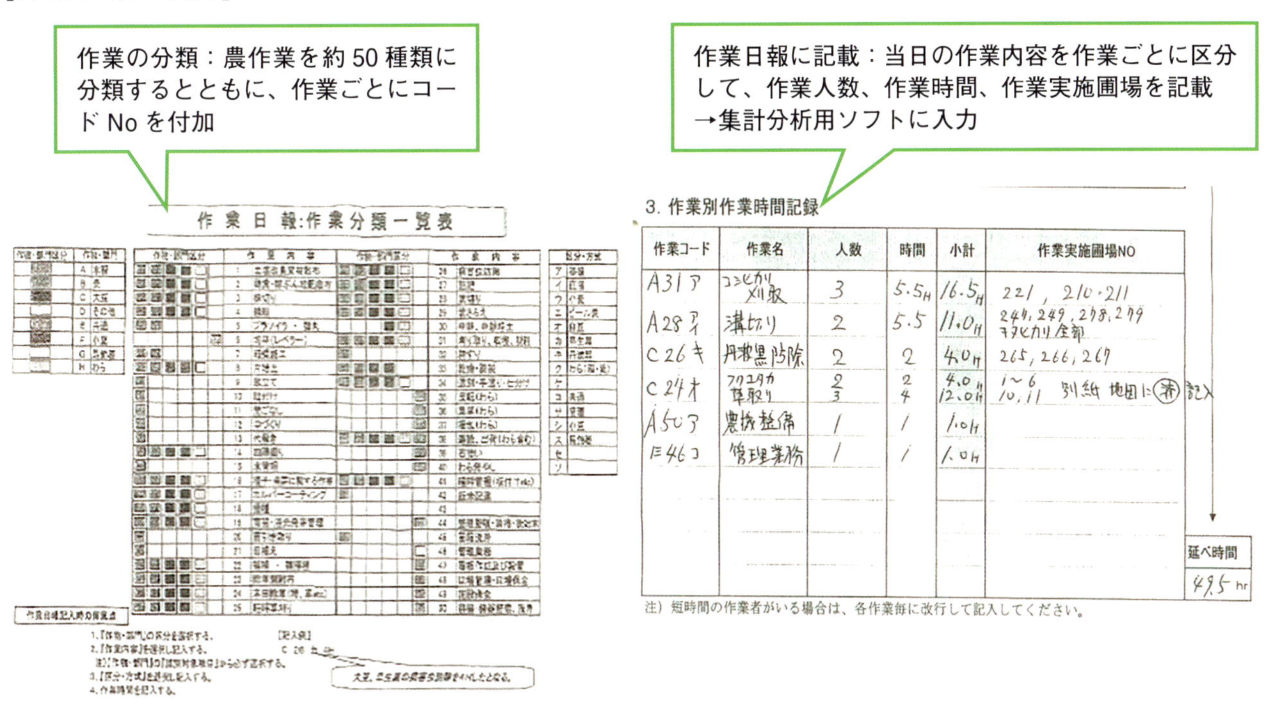

図Ⅱ－ 28　作業日報の記録

【営農活動の数値化】

区分	内容	水稲・環境こだわり ヒノヒカリ	キヌヒカリ	コシヒカリ	秋の詩	渡船	羽二重餅	水稲・湛直 レーク65	日本晴
収入	収量(kg/10a)								
	単価(円/kg)								
	販売収入								
	品質1等%								
	品質2等%								
	品質3等%								
変動費	種苗費								
	肥料費								
	農薬費								
	諸材料費								
	水道光熱動力費								
	賃貸施設利用料								
	保険共済費								
	販売出荷経費								
	労働費								
	変動費計								
限界利益(/10a)									
固定費	減価償却費								
	修繕費								
	固定費計								
助成金等									
貢献利益(/10a)									
管理可能原価(/10a)									
管理可能原価(/kg)									
共通経費	経営共通労働費								
	地代								
	土地改良水利費								
	事務費								
	役員報酬								
	租税公課								
	会社研修費								
	雑費								
	共通費計								
利益(円/10a)									
作業時間(hr/10a)									
原価(/10a)									
原価(/kg)									

経営収支、原価

区分	作業名	水稲・環境こだわり ヒノヒカリ	キヌヒカリ	コシヒカリ	秋の詩	渡船	羽二重餅	水稲・湛直 レーク65	日本晴
直接作業時間	土改材散布	0.2	0.1	0.2	0.1	0.2	0.4	0.3	0.2
	鶏糞・豚糞散布	0.2	0.2	0.0	0.3	0.3	0.0	0.0	0.0
	耕耘	0.5	0.3	0.7	0.7	0.9	0.4	0.7	1.2
	片培土	0.2	0.1	0.1	0.3	0.1	0.0	0.2	0.4
	畝立て	0.4	0.2	0.3	0.4	0.4	0.5	0.5	1.0
	畦付け	0.3	0.1	0.3	0.2	0.1	0.1	0.1	0.2
	荒ごなし	0.6	1.0	1.2	1.0	0.4	0.8	0.9	0.5
	中作り	0.0	1.2	0.6	0.5	0.0	0.0	0.3	0.0
	代かき	0.8	0.4	0.9	0.5	0.5	1.1	0.7	0.7
	水管理	0.3	0.1	0.2	0.2	0.2	0.6	0.2	0.2
	ｶﾙﾊﾟｰ	0.0	0.0	0.0	0.0	0.0	0.0	0.7	0.7
	播種	0.0	0.0	0.2	0.0	1.9	0.0	0.7	0.7
	育苗管理	0.0	0.0	0.0	0.0	0.2	0.0	0.0	0.0
	苗引き取り	0.0	0.1	0.3	0.0	0.5	0.2	0.0	0.0
	田植え	[illegible]	[illegible]	[illegible]	[illegible]	[illegible]	[illegible]	0.0	0.0
	補植、補播種	[illegible]	[illegible]	[illegible]	[illegible]	[illegible]	[illegible]	0.2	1.8
	除草剤散布	[illegible]	[illegible]	[illegible]	[illegible]	[illegible]	[illegible]	0.5	0.3
	本田除草	[illegible]	[illegible]	[illegible]	[illegible]	[illegible]	[illegible]	2.2	2.0
	畦畔草刈り	[illegible]	[illegible]	[illegible]	[illegible]	[illegible]	[illegible]	0.5	0.9
	病害虫防除	0.0	0.0	0.0	0.0	0.1	0.0	0.0	0.0
	施肥	0.9	1.0	1.1	0.5	1.4	0.4	0.7	1.0
	溝切り	0.0	0.0	0.3	0.0	0.0	0.0	0.2	0.0
	溝さらえ	0.0	0.0	0.1	0.0	0.0	0.0	0.0	0.0
	中耕培土	0.0	0.0	0.0	0.0	0.0	0.0	0.0	0.0
	刈り取り・収穫・脱穀	1.4	0.8	1.8	1.6	0.9	2.5	1.8	1.2
	籾すり	2.2	2.1	0.9	0.8	0.0	0.0	0.9	0.0
	乾燥調整	0.1	0.1	0.1	0.2	0.0	0.1	0.0	0.0
	選別・手選り・仕分け	0.2	0.1	0.2	0.2	0.1	0.2	0.0	0.0
	運搬出荷	0.5	0.3	0.3	0.3	0.1	1.5	0.3	0.1
	飯米配達	0.2	0.2	0.2	0.2	0.2	0.2	0.2	0.2
	苗箱洗浄	0.1	0.1	0.1	0.1	0.1	0.1	0.0	0.0
直接作業時間(hr, hr/10a)		13.8	11.1	12.3	11.5	11.5	13.1	13.3	13.5
部門共通作業時間	畦畔管理（板付け等）	0.1	0.1	0.1	0.1	0.1	0.1	0.1	0.1
	整理整頓	0.2	0.2	0.2	0.2	0.2	0.2	0.2	0.2
	管理業務	0.5	0.5	0.5	0.5	0.5	0.5	0.5	0.5
	看板作成設置	0.0	0.0	0.0	0.0	0.0	0.0	0.0	0.0
	圃場管理・圃場保全	1.4	1.4	1.4	1.4	1.4	1.4	1.4	1.4
	施設保全	0.2	0.2	0.2	0.2	0.2	0.2	0.2	0.2
	農機・機器整備・洗浄	0.7	0.7	0.7	0.7	0.7	0.7	0.7	0.7
部門共通作業時間(hr, hr/10a)		3.1	3.1	3.1	3.1	3.0	3.1	3.1	3.1
合計作業時間(hr/10a)		16.9	14.2	15.4	14.5	14.5	16.1	16.3	16.6

作業時間

図Ⅱ－29　分析結果

【データの活用例】

活用場面例：
品目別の分析結果に基づき、
今後５年間の作付計画を策定

野菜・麦作付拡大計画　第2段　作付面積(a)　　営農活動の収支対処(案)　　H28.4.17 4/20修正

作物名		26年	27年		28年			29年			30年		31年	
野菜		作付面積	1作	2作	ほ場No	1作	2作	ほ場No	1作	2作	1作	2作	1作	2作
馬鈴薯		35.2												
玉ねぎ		13.6												
信長ねぎ														
	玉葱あと	0												
	馬鈴薯後													
青ねぎ		67.5												
	大麦あと													
	水稲あと													
キャベツ														
	玉葱あと	13.6												
	水稲あと	30.6												
	馬鈴薯後	18.9												
	大麦あと													
その他野菜 ハウス														
計		179.4												
合計														
水稲		3412.0												
加工米		63.1												
麦(大麦)		714.4												
(小麦)		798.3												
丹波黒		172.4												
早生黒		314.6												
白大豆		1026.0												
計														
(作付)合計		6,680.2												
耕地面積	利用率%	5,104.1												
転作面積		1,692.1												
転作率	%	33.2												

図Ⅱ－30　分析結果の活用場面（作付計画）

この他にも、N法人では、肥料・農薬などの「資材別データ一覧表」を作成して、資材選択の判断材料として活用している（図Ⅱ－31）。

「資材別データ一覧表」には、品種･栽培様式別に、使用した肥料の商品名、単価、ＮＰＫ成分量、金額などが記載されている。そして、N法人では、「資材別データ一覧表」と当該年の生育状況や経営収支などを振り返りながら、費用対効果を意識した資材選択の判断材料として活用している。

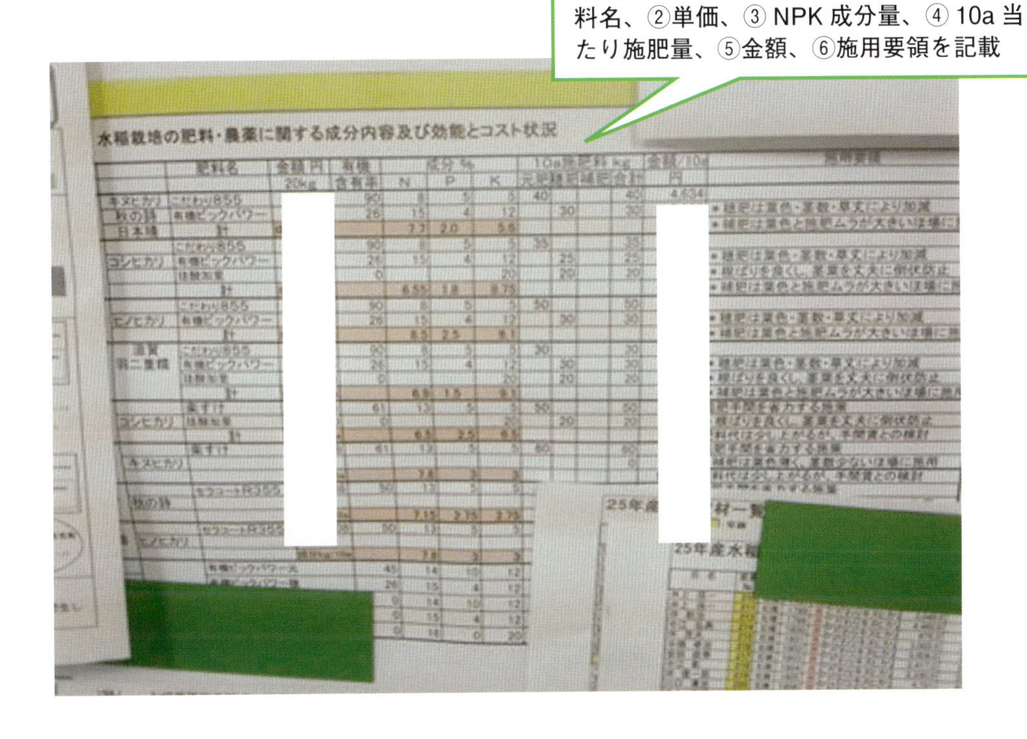

図Ⅱ－31　資材別データ一覧表

第３章　集落営農の新たな展開

第１節　経営環境の変化と集落営農の新たな展開

経営環境の変化に適応することは、経営が持続するための原理・原則であり、これは、集落営農においても例外ではない。集落営農では、基本理念として「集落の農地は集落で守る」ことを掲げるケースも多く、基本理念からは、経営に対する「守りの姿勢」が強調されることも多い。しかし、集落営農の経営に際しては、「守りの姿勢」のみならず、経営環境の変化に対して「攻めの姿勢」で対応していくことも重要である。

近年の集落営農を取り巻く経営環境としては、①米価の低迷による稲作の収益性低下、②高齢化の進展などに伴う労働力の減少などの問題が顕在化しつつある。このような状況の中、「集落営農を立ち上げたが十分な収益を確保できない」「これからの集落営農を担う人材を確保できない」などの問題に直面する集落営農組織も多い。これらの問題は、"カネ""ヒト"といった経営が持続するための根幹に関わるものであり、問題解決のための積極的な取り組みが求められる。

そこで、本章では、集落営農の新たな展開について、①経営の多角化と外部従業員への継承、②集落営農の経営発展と地域コミュニティ、③集落営農連合体の形成を取り上げ、先進事例における取り組みの概要とポイントを紹介する。

まず、第２節「集落営農における多角化と外部従業員への継承」では、山形県河北町の（農）ファーム吉田の取り組み事例を紹介する。ファーム吉田では、集落営農の設立が、稲作部門の収益性低下や構成員の高齢化が進展する中で、集落の農業を守る手段として園芸品目（露地野菜、施設野菜、施設花き）の積極的な導入およびその担い手として集落外部から若手従業員の雇用導入をセットで展開しようとするものである。

第３節「集落営農の経営発展と地域コミュニティ」では、秋田県横手市の（農）樽見内営農組合の取り組み事例を紹介する。樽見内営農組合では、集落営農の２つの側面である経営体という側面と地域コミュニティという側面の連携を図り、両者を上手くミックスさせることで、収益性の高い営農と活力あるコミュニティ活動の両立を図ろうとするものである。

第４節の「集落営農の連合体形成」では、山口県における集落営農連合体への取り組み事例を紹介する。山口県では、県土の多くが中山間地域に位置し、集落の農地面積が小さく、農業従事者の高齢化が著しく進展する地域条件の中で、複数の集落営農法人が出資して集落営農連合体を設立することで、労働力の確保や機械の効率的稼働を図り、集落営農の継続性を確保しようとするものである。

これらの取り組みは、経営環境の変化に対応するために、従来の集落営農の経営展開の枠から一歩抜け出した取り組みであり、今後の更なる発展が期待される。

第２節　集落営農における多角化と外部従業員への継承

１．法人の特徴と設立経過

（農）ファーム吉田は、山形県内陸部の河北町大字吉田地区（旧村）、農家戸数92戸、農地面積81.3haを範囲とする集落営農法人である。担い手の高齢化と後継者不在という問題に直面し、新たに大規模設備投資による園芸部門の創出と外部からの従業員確保・育成に取り組み、将来的にはこの人材への経営継承を目指している。

吉田地区は、最上川左岸の肥沃な平坦部農地にあり、稲作と果樹（サクランボ）による集約的な複合経営が営まれてきた。当地区では、2007年に「経営所得安定対策」の加入をねらいとして、米と転作大豆の共同販売経理を行う「吉田営農組合」を設立した（経営面積69.8ha、組合員91名）。

当初は枝番方式の任意組織であった。しかしその後、高齢化の進行により次第に作業を委託する農家が増加し、耕作農家は30戸程度にまで減少していった。一方で、それら作業を受託して規模拡大していった農家も後継者はほとんど確保されていなかった。このままの状況が続けば、早晩、地域農業の存続が危ぶまれる事態となり、地区内でその対応方策として法人化を進める議論が持ち上がった。地区内で、議論を重ねた結果、必ずしも組合員全員の賛同を得ることはできなかったが、設立から６年を経た2013年３月に、法人化に賛同合意した17名の農家によって、地区内農地の過半を占める39haを利用集積するかたちで（農）ファーム吉田を設立した（表Ⅲ－１）。

表Ⅲ－１　法人の概要

区　分	（農）ファーム吉田
存在意義	集落の構成員が力を合わせ、集落の農地を次代に継承する
組織形態	従事分量配当制農事組合法人、組合員17名、（ＪＡ出資法人）
法人化年次	2013年3月
前身組織	特定農業団体に準ずる組織　2007年設立　組合員91名、面積69ha
農地集積	利用権（39.0ha　地権者67名）
経営規模 作目等	経営面積　37.3ha ・米（32.5ha） ・露地野菜（4.8ha）エダマメ、ネギ、キャベツ ・施設野菜（0.2ha）トマト、レタス、イチゴ ・施設花卉（0.1ha）葉ボタン
雇用従業員	常時４名（男性２、女性２）、臨時雇用150人日
法人の特徴	・米作と園芸作の多角経営 ・常時雇用従業員による周年農業

注：2016年総会資料より

2．人材の確保と多角化戦略

表Ⅲ—２に（農）ファーム吉田の構成員を示す。構成員 17 名は大半が 60 代後半から 70 代にさしかかっており、これら農家に次世代の後継者は確保されていない。また、1 名 40 代の構成員がいるが、現在独自に花き栽培に取り組んでおり、土地利用型部門や野菜等の園芸部門への参画はあまり期待されない状況にあった。

そこで、同法人の代表Ｓ氏らは、この地域の農業を守っていくためには、外部からの人材確保が必要不可欠であると判断した。そしてＳ氏は「担い手が育つ経営は、米だけに頼らない多角化が必要」と考え、法人化２年目の 2014 年から積極的な多角化に取り組むことにした。具体的には、若年従業員を周年雇用できる経営部門として施設野菜と転作の露地野菜を新たに導入し、①収益向上、②人材育成、③地域活性化を図ることを目指したのである。

構成員の高齢化が進行しているため、時間的な余裕はなく、短期間で多角化を達成する必要があった。そこで、園芸作物の導入に要する施設と機械設備の整備について、県の助成事業と制度融資による長期借入金を活用した。県の助成事業は、自らが助成を受けようとする事業計画を提案し、その必要性が認められれば助成金が支給されるというオーダーメイド型助成事業である。同法人では，園芸ハウス，出荷調製機械，集出荷施設等と水位制御可能な畑地への基盤再整備を柱とする３カ年の多角化事業計画を策定し、無事採択された（**表Ⅲ－３**）。その活用により、同法人は、施設型の野菜としてトマト、レタス、イチゴ（計 20 ａ）、花きの葉ボタン（10a）、そして露地野菜のエダマメ、ネギ、キャベツ（計 4.8ha）と、一挙に複合部門を拡大させることができたのである。

表Ⅲ－２　法人構成員

単位：面積（a）

構成員	年齢	経営形態	経営規模	うち園芸部門	法人参加の動機
A	65	米、オウトウ、モモ	457	20	後継者なし
B	63	米、アスパラガス、エダマメ	622	20	規模限界・後継者なし
C	78	米	102		高齢化
D	43	米、花き	240	20	労力不足
E	64	米、オウトウ、エダマメ	70	10	後継者なし
F	78	米	72		後継者なし
G	69	米	87		後継者なし
H	63	米	60		労力不足
I	57	米、イチゴ、オウトウ	287	20	労力不足
J	69	米、オウトウ	145	20	後継者なし
K	69	米、エダマメ、オウトウ	75	45	後継者なし
L	71	米、野菜	158	30	後継者なし
M	67	米、エダマメ、オウトウ	57	30	後継者なし
N	77	米、オウトウ	194	5	高齢化
O	70	米、オウトウ、アスパラガス	226	20	経営移譲
P	67	米、オウトウ	243	10	経営移譲
Q	63	米、オウトウ、エダマメ	477	50	後継者なし

注：法人設立時（2013 年）状況

表Ⅲ－３　法人の経営多角化事業計画

事業化による産出額	23,030 千円
振興作物	園芸作物（露地野菜＋ハウス野菜＋花き）
雇用創出（人日）	1,250 人・日

年次計画		現状(2013)	1年目(2014)	2年目(2015)	目標(2018)
露地野菜	産出額（千円）	2,628	2,585	10,310	23,030
	枝豆	個別　2,628	1,735	1,980	2,200
	アスパラガス				4,500
	ねぎ				6,000
施設野菜	軟弱葉物		50		50
	促成アスパラガス			1,000	2,000
	葉ボタン（花き）		800	800	800
	レタス（水耕）			6,480	6,480
	いちご（水耕）				1,000
園芸作物栽培面積（㎡）		個別　6,220	8,320	10,285	31,880
新たな雇用（人・日）			250	500	1,250

資料：法人の「プロジェクト事業計画」より抜粋作成

３．外部人材の採用と就業環境の整備

この計画の中で、外部からの従業員を毎年１名ずつ採用していくことを盛り込んだ。そして、事業開始１年目に１名（30 歳代女性），２年目に１名（20 歳代女性）を採用した。いずれも隣接市町に居住する新規参入者である。雇用条件は、月額給与制、年金・社会保険と規定の年次有給休暇を付与し、雇用賃金に対し県と国から人材育成事業による助成金を受けた。

事業開始から２カ年で女性２名を雇用したことにより、当法人では女性に配慮した就業環境づくりを行っている。勤務時間は、子育て中の 30 代女性のために、子供を学校に見送ってから出社できるよう、出社時間を遅らせ、午前９時からにした。また、新設した事務所に女性専用の休憩部屋を設置、冬季の作業場への暖房設置、夏場は日焼けを防ぐため、日中は施設内での作業を中心に行う等きめ細かな配慮を行っている。

さらに３年目と４年目には男性従業員（いずれも地区外出身の 30 歳代）を１名ずつ雇用し、米や露地の野菜部門を主に担当している。法人の構成員の中にはこれまで野菜栽培に取り組み、高い技術を有する者も多い。こうした熟練技能者が従業員の指導にあたっている。指導する側も、自分の培ってきた技術を次世代に継承できることに喜びを感じ、熱心に指導を行っている。

構成員の大半が農業を引退する時期も間近に迫っており、代表のＳ氏は、従業員にできるだけ早い時期に各部門を主体的に担当できるようになることを期待している。さらに、将来は今いる従業員に法人の経営を委ねたいという構想を持っており、経営面での指導や意識付けなど、準備を進めている。

４．多角化事業の成果と課題

このように積極的な事業展開を図ってきた（農）ファーム吉田の経営収支をみると、事業着手

の2013年から３年間は、売上高は停滞気味であったが2016年には、複合化にともなう新規作物導入が軌道に乗ってきたことにより、売上高は大きく増加した（図Ⅲ－１）。一方で、雇用賃金や取得資産の減価償却費等が増大した（図Ⅲ－２）。そのため、借入金等の固定負債が増大し、財務状況では経営安全性がやや低下した。今後は借入金の償還が滞りなく行えるよう、資金繰計画に沿った収益確保と財務管理の徹底が求められる。法人では、今後、現在個別で対応しているオウトウ部門の法人部門への取り込み、直売事業拡大等による収益拡大を計画している。

現在、東北地域の多くの集落営農では後継者不在という問題を抱えている。経営を継承していくためには外部からの人材確保について真剣に検討していく必要があるし、そのための一つの方策として、（農）ファーム吉田のように大規模な設備投資を伴いながら積極的に多角化戦略を図っていくことが重要である。

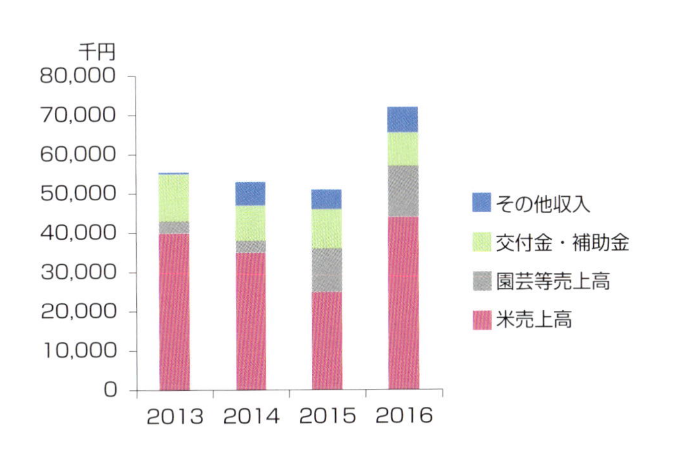

図Ⅲ－１　収入金額の推移

資料：各年度の総会資料から作成
注：その他収入には,「準備金取崩し」を含む

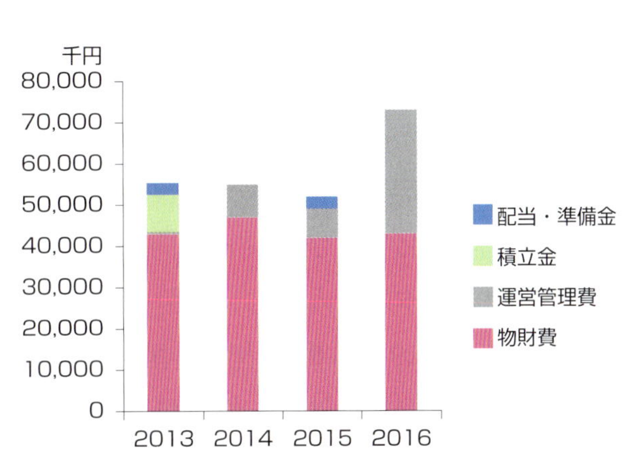

図Ⅲ－２　支出金額の推移

資料：各年度の総会資料から作成

第３節　集落営農の経営発展と地域コミュニティ

１．はじめに

集落営農組織は二つの側面を持つ。一つは経営体という側面であり、農業収益を最大化することを目的とする。もう一つは、コミュニティという側面であり、こちらは地域住民としてより良い生活を送ることが目的である。

しかし、これらは必ずしも一致せず、相反することさえある。例えば、水田作経営において収益を向上させる方策の一つに、より少ない労働投下で、より多くの水田面積を経営することがあげられる。しかし、これを追求していくと、少人数で済んでしまうということになる。このことは、集落営農の構成員であっても営農に全く関与しない住民が増えてくることを意味する。農業以外の就業機会が乏しければ人口流出にもつながる。そうなると将来、集落営農の運営を担う人材を確保していくことが難しくなり集落営農組織の存続そのものが危うくなってしまうことが懸念される。このため集落営農の運営に際しては、「集落営農の経営発展を図りつつ、コミュニティをどう維持するか」について検討することが重要である。以下では、この課題解決に取り組む集落営農法人の事例を紹介する。

２．営農とコミュニティ活動の連携事例

紹介するのは、秋田県横手市樽見内地区の（農）樽見内営農組合（以下、営農組合）である。営農組合は、地域の世帯員および事業所等が参画するNPO法人樽見内資源保全委員会と密接に連携することにより、米を中心とする効率的な営農と集落コミュニティ維持の両立を図っている。その全体像を図Ⅲ－３に示す。以下では、両組織の取り組みを見ていくことにしよう。

１）営農組合の設立経緯と経営概況

樽見内地区は横手市の平坦水田地帯に位置し、11集落からなる。もともと経営耕地３ha前後で自己完結的に稲作を営む兼業農家が多かった。2000年代半ばになると米価下落傾向が鮮明になってきた。政府からは規模要件を課した品目横断的経営安定対策が打ち出された。こうした中で集落営農設立に向けた機運が高まった。その中心にいたのが樽見内地区出身で元JA職員のW氏である。2005年、同氏が仕掛け人となって任意組織の集落営農組織を設立した。構成員は、地理的にも隣接し普段から緊密な関係にあった５集落49戸の農家であった。その後、2011年には任意組織を母体に法人化し、（農）樽見内営農組合を設立した。

2016年時点における樽見内営農組合の構成員世帯は59戸、うち役員は８名、主たる従事者は３名である。構成員以外に、従業員として雇用されているのが３名（うち１名は事務員）である。出資金は593万円、経営耕地面積は91haとなっている。ほとんどの経営耕地は構成員からの借

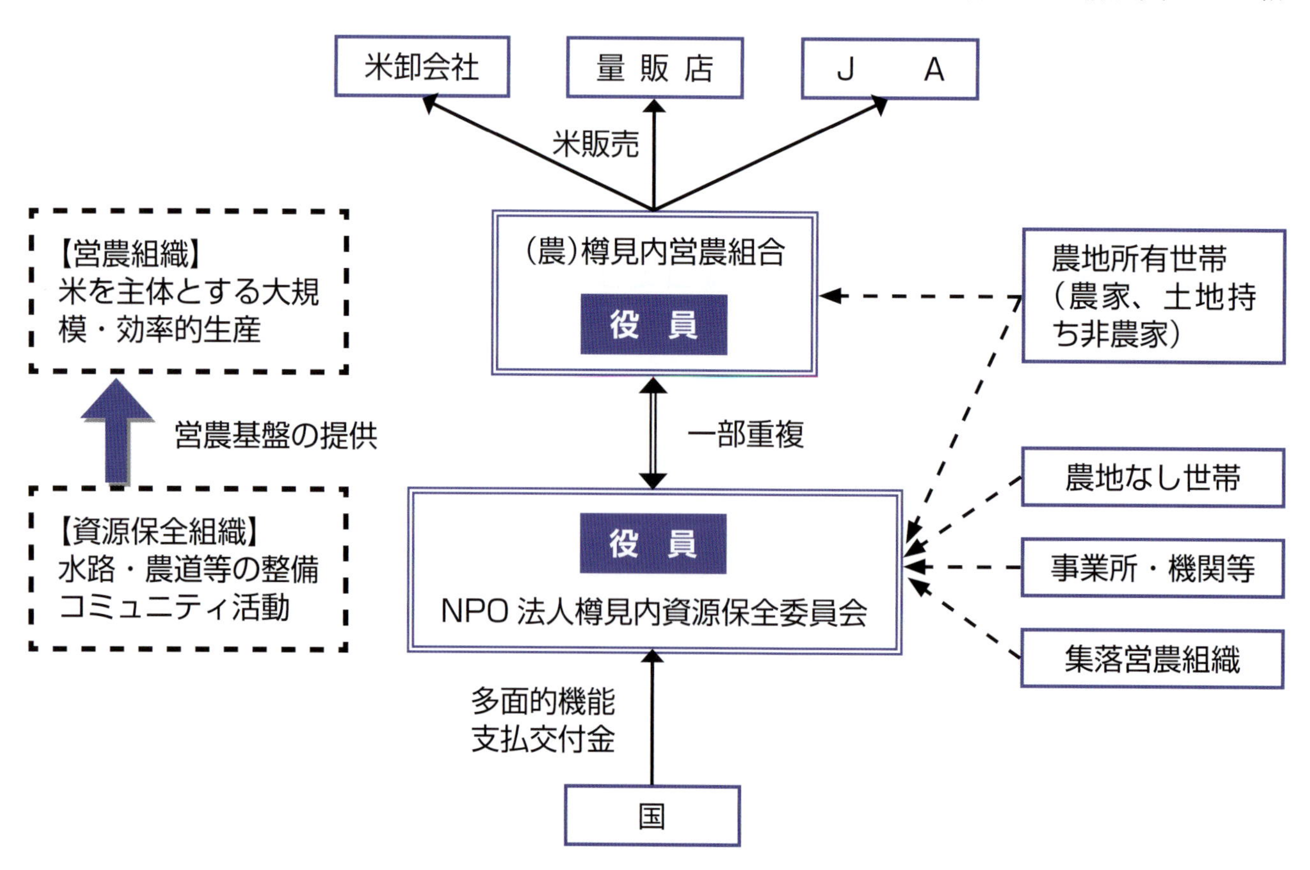

図Ⅲ－３　営農組織と資源保全組織の連携
資料：ヒアリングにより作成。

入地である。入作の発生による耕地分散を防ぐため、小作料は地域平均より高い25,000円／10aに設定した（現在は20,000円／10a）。集落外からの貸し付け希望者に対しては、まずは自分の集落に受け手がいないか確認するようお願いしている。

営農組合は「田んぼを田んぼとして活用する」という理念に基づき、米中心の経営戦略をとっている。経営面積および農産物売上に占める米（非主食用含む）の比率は、ともに約９割となっている。米以外にはソバや野菜、花きなど、構成員世帯の高齢者が参画できる農産物の栽培も行っている。

米の作付けの内訳は、主食用62ha（うち輸出用13ha）、飼料用17ha、輸出用13ha、加工用1haとなっている。JA委託販売以外に、卸売業者や小売業者への直接販売にも取り組んでいる。米の生産コストを節減するため、主食用のあきたこまち、ゆめおばこ、飼料用のふくひびきなど複数の品種を組み合せることで労働ピークを切り崩し、作業期間を引き延ばしている。これによって田植機２台、コンバイン３台の体系で処理可能となる。

また、米の産地間競争が厳しくなる中、営農組合では将来を見越して、次のような取り組みも行っている。

①全ての米について農薬・化学肥料を減じた特別栽培の基準をクリア。
② J-GAPおよびJ-GAPアドバンストの認証を取得。
③周囲からの集荷にも対応できるよう国内農産物の登録検査機関の資格取得。
④輸出向けの主食用米の生産。2014年に関西地方の会社との共同出資により設立した集荷・販売会社へ販売を通じて、シンガポールの米卸業者へ70t程度輸出している。現地で精米し、同国内居住の日本人向けに販売している。輸出にはJAは関与していない。

以上のように、営農組合は大規模かつ効率的生産のみならず、将来の販売を見据えた稲作を中心とする経営を実践している。

２）資源保全委員会の設立経緯と運営概況

次に、営農組合が連携しているNPO法人樽見内資源保全委員会（以下、委員会）についてみていく。2005年に営農組合を立ち上げたW氏が仕掛け人となって、ほぼ同時期に設立した組織である。W氏は、若い世代の流出による地区の人口減少、地域の伝統行事の衰退、集落内におけるコミュニケーションの減少などを目の当たりにし、集落コミュニティの衰退に強い危機感を感じていた。

ちょうどその頃、品目横断的経営安定対策とセットで打ち出されたのが農地・水・環境保全向上対策であった（2007年施行。後に再編され、2014年からは多面的機能支払に引き継がれた）。周知のとおり、これは資源保全活動に対して直接助成するものである。

そこでW氏は、同交付金の受け皿組織を作り、資源保全をはじめコミュニティ活動の財源として活用することを考えた。当初W氏は、樽見内営農組合の範域と同じ５集落で組織しようと考えていたが、周辺６集落からも参画希望があり、最終的には樽見内地区全域11集落をカバーする組織として委員会を立ち上げることになった。

委員会は個人会員241人、団体会員20団体により構成されている。前者は農地所有世帯のみならず農地を持たない世帯も含め樽見内地区の全世帯から１名が加入している。後者は、営農組合も含め樽見内地区の三つの集落営農組織や保育園、小学校、食品製造業者などの事業所が加入している。このように、樽見内地区に所在する世帯と事業所を包摂する組織となっている。

委員会の財源として最も大きいのは多面的機能支払交付金である（対象農地面積 259ha）。その他の収入に会員からの年会費や寄付金がある。

委員会および営農組合は密な関係にある。委員会の理事は 13 名であるが、うち６名は営農組合の役員でもある。両組織とも事務方の責任者を務めるのがＷ氏であり、相互の高い連動性を担保している。

委員会の活動は大きく二つに分けることができる。一つは農業関連資源の保全活動である。具体的には、農道の砂利敷き均(なら)し等の補修や周縁部の草刈り、農業用用排水路の浚渫(しゅんせつ)やＵ字溝の修繕や交換、周縁部の草刈りなどの活動である。これら作業に用いるモアやトラックなどは営農組合から借り上げて使用している。これ以外に付随する活動として、ビオトープ造成などの生態系保全活動、ゴミ拾いや花壇づくりなどの景観形成活動、農作業体験などの普及啓発活動を実施する。

もう一つは、非農家も対象としたコミュニティ活動である。例えば、神社での伝統行事や祭りなどのイベント、高齢者への声掛けなどの福祉活動、県内外の資源保全組織等との交流活動などがあげられる。地域の全世帯を対象とした活動を行っていることが大きな特徴となっている。

３）取り組みの要点－「守り」あっての「攻め」の集落営農経営－

これまで見てきた取り組みのポイントとして、以下の点を指摘したい。

第一に、営農組合と委員会との機能分担である。資源保全活動およびコミュニティ活動にかかる機能を委員会が担うことによって、営農組合の効率的な稲作経営の基盤を提供している。産業政策と地域政策を地域でうまくミックスさせているといえよう。

第二に、両者は機能分担しつつも緊密な連携を持って運営していることである。両組織の事務局は同一建物内にあり、役員も重複している。組織的・物理的に相互の連絡調整コストを節減するとともに緊密な連携が可能となっている。

第三に、委員会がコミュニティ活動にも取り組むことによって、農地所有者はもちろんのこと、農地を所有しない一般世帯や事業所など、あらゆる主体の参画を得ていることである。樽見内地域における地域づくり組織としての役割も担っているといえよう。

最後になるが、今後の課題として、営農組合の再編について触れておきたい。営農組合は効率的生産を目指していることから、主たる農作業従事者は次第に限定されてきている。ところが、農事組合法人の形態をとる以上、意思決定は一人一票制で行われる。そのため、営農を担う農作業従事者の意思は反映されにくくなる。これは、収益分配の観点から言うと、土地に対する支払いである農地賃借料に重点を置くのか、労働に対する支払いである労賃に重点を置くのか、という問題である。これを解消するには、農地所有者の組織と、実際に農業に従事する者の組織を分離・再編する方向が考えられる。前者は、土地利用調整や土地改良投資、農地賃借料の収受・配分といった機能を担う。後者は、収益性の追求に適した会社形態である株式会社とする。このような再編がいずれ求められると考えられる。

資源保全組織も含めてまとめると、収益性の高い営農とコミュニティ維持のためには、①地域住民が広く参画し資源保全やコミュニティ活動を担う地域づくり組織、②農地所有者から構成される地権者組織、③営農組織－という三層の組織化と協調が求められる。

第４節　集落営農の連合体形成

１．集落営農の連携・協力の動き

集落営農の本質は、集落の農家が土地と労働力、資本を出し合い、共同しながら営農し、皆で地域の農地を維持していくことにある。その背景には、個々の農家では農地を維持しきれない様々な条件がある。しかし近年、集落営農をもってしても対応が難しくなってきている面がある。

主な要因を挙げると次のようである。

第一に、集落内からの農業労働力の調達が難しくなったことである。集落営農の設立により、なんとか農地を維持してきたものの、高齢化の進展や農外産業に従事する構成員の増加により、集落営農組織で働く人が少なくなってきたことである。そこで、他の組織との共同が模索されることになる。

第二に、周年雇用のための労働受容力確保の必要性である。周年で従業員を雇用し、継続して働いてもらおうとすれば年間300万円程度の給与の支払いは行いたい。しかし、単独の集落営農ではそれだけの支払いができる収益を確保できないことも多い。そこで、複数の集落営農による共同が模索される。

第三に、適正規模の確保である。農業機械の高性能化と高価格化が進んできている。作業効率は高いが、それに見合った作業量を確保しなければ過剰投資になってしまう。

そこで、集落営農組織同士の連携や協力が選択肢に入ってくる。それによって、集落営農を補完することが必要となってきている。こうした中、複数の集落営農法人の出資によって連合体組織を立ち上げる動きがみられる。その先進地である山口県における、取り組みの実態と今後の展望についてみていくことにする。

２．山口県における集落営農法人連合体の動向

山口県は中山間地域が７割を占め、小規模農家が多い。また、農業就業人口の平均年齢は70.3歳と、全国で第２位と高い。こうした中で、県は農地を維持していくため、集落営農組織の設立と、その法人化を推進してきた。2004年に13法人であった集落営農法人は、2017年には252法人へと増大した。しかし、一つひとつの集落営農の経営耕地面積は比較的小さい。129法人のうち52％が20ha未満の法人である。これは都府県の42％よりも高い（農林水産省「集落営農実態調査」2017年）。

また、2000年代中盤以降における米価下落を背景に、10a当たり売上高は、2010年の80,296円から59,134円へと26％ダウンした。さらに法人のオペレーターの高齢化が進み、72％が60歳

以上となっている。

このように、集落営農法人の継続性が懸念されている。そうなると農地維持も危うくなる。そこで浮上してきたのが「集落営農法人連合体」の設立であった。県は「やまぐち農林水産業活力創出行動計画」の一つに「新たな人材や中核経営体の確保・育成」を掲げ、その中に「集落営農法人連合体」を位置付けている。

これは**図Ⅲ－４**に示すように、複数の集落営農法人が出資して新たな法人を設立する、もしくは既存の法人に出資することによって共同事業に取り組むものである。出資者には必要に応じてJAが加わることもある。出資を受ける法人を「中核法人」と呼び、出資者とあわせて「集落営農法人連合体」（以下、連合体）を構成する。既存の集落営農法人は存続し、畦畔の草刈りなどの農地管理、農道・水路等の資源保全、集落内の土地利用調整などを担う。一方、中核法人は複数集落をエリアとした事業を行うことにより雇用を受け入れたり、適正規模を確保することでコスト低減に貢献すること、新たな事業への取り組み、集落より広域での土地利用調整などが期待されている。

連合体の経営計画としては、「農地集積による規模拡大や、６次産業化等の新規事業の実施により、雇用の創出と所得の拡大を図り、主たる従事者（専任従事者）の定着に必要な所得確保を目指す」ことが求められている。

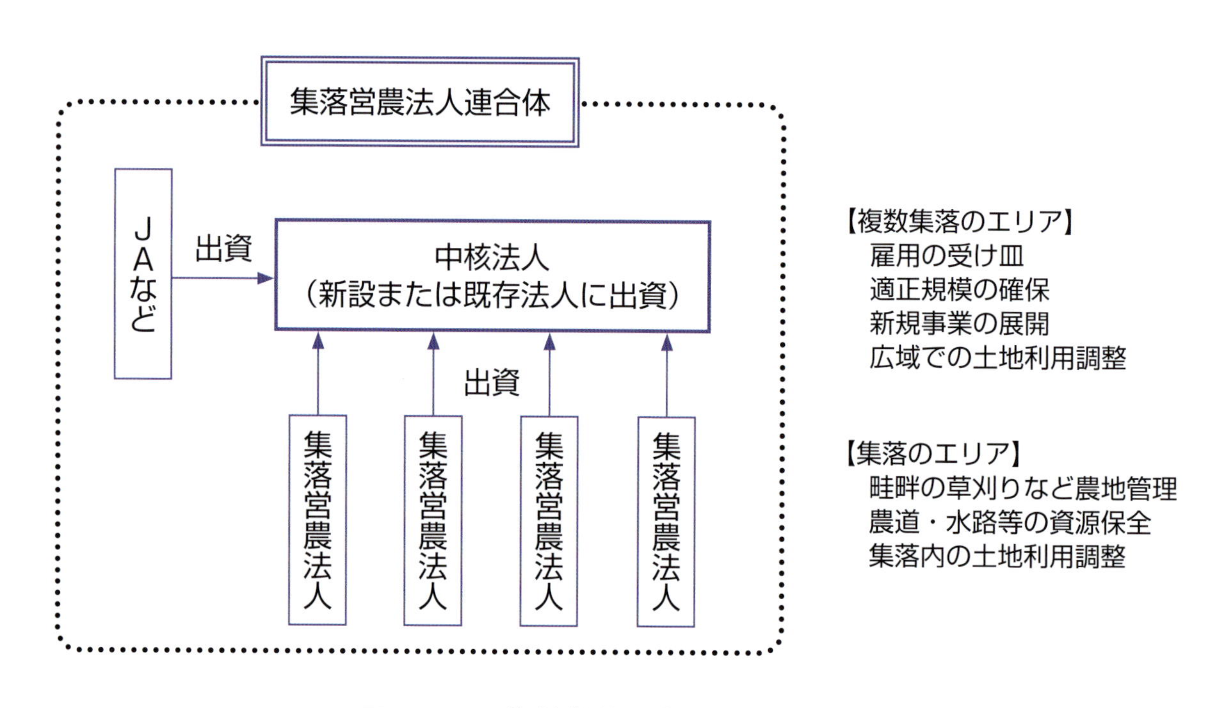

図Ⅲ－４　集落営農連合体の概念図
資料：山口県農林水産部提供資料を一部改変

連合体設立を促すための支援策として、①JAや普及指導員OBなど地域に精通した人材を「連携推進コーディネーター」として各地域に配置、②連合体で用いる大型農業機械や施設の整備を助成する連合体条件整備支援事業の創設、③より広域な営農を効率的に行うためのICT活用農作業管理システムの導入を行っている。

2017年８月時点で、県内の連合体は５つである。その一覧を**表Ⅲ－４**に示す。2016年３月に

表Ⅲ－４　山口県内における連合体の概況

中核法人	萩アグリ㈱	実穂あじす （㈱あぢすき）	アグリ南すおう㈱	㈱長門西	㈱三隅農場
設立年月	2016.3	2016.12	2017.3	2017.7	2017.7
会社形態	株式会社	株式会社	株式会社	株式会社	株式会社
出資集落営農法人等	６法人	３法人	17法人＋JA	４法人＋JA	６法人＋JA
対象面積	130ha	55ha	424ha	93ha	95ha
事業	収穫作業 施設園芸作 雇用就農者確保	機械共同利用 資材共同購入 種苗供給	土地利用調整 資材の共同購入 機械設備 作業受託 次世代人材確保 研修受入れ	共同防除 水稲共同育苗 ドローン教習	共同防除 共同育苗 資材共同購入 施設園芸作

資料：山口県農林水産部農業振興提供資料により作成。
注：「実穂あじす」は、３つの法人の連合のことを指す名称であり、それ自体は法人格を有していない。

萩アグリ（株）を皮切りに順次設立されてきた。農事組合法人が農事組合法人に対して出資することはできないため、中核法人はいずれも株式会社となっている（実穂あじすの中核法人も株式会社）。いずれも設立してから間もないため、実績について評価するのは時期尚早である。ここでは現段階における中核法人の取組内容について概観しておこう。

一つ目の萩アグリ（株）は、山間部から沿岸部に至る田万川地区の６つの農事組合法人が出資することにより設立された。JA が運営をサポートしている。集積面積は 130ha である。取組内容は、標高差による集落の作期の違いを活かして大豆コンバイン等の機械の稼働率向上を図る。トマト等の施設園芸に取り組み、周年雇用を確保するというものである。

二つ目の実穂あじすは、既存の農業法人である（株）あぢすきが、近隣の２つの農事組合法人の出資を受けて変更登記することにより設立された。この点が、新規法人を立ち上げた他の地域とはやや異なる。集積面積は 55ha である。取組内容は、機械の共同利用や資材の共同購入、種苗供給などを計画している。

三つ目のアグリ南すおう（株）は、16 の農事組合法人および有限会社１社、JA が出資することにより設立。集積面積は 424ha である。取組内容は、集落営農法人からの農作業受託、肥料・農薬等資材の共同購入、無人ヘリやパイプハウスなどの機械・施設の共同利用、施設園芸の設備を整備し新規就農者育成などが計画されている。

四つ目の（株）長門西は、長門市西部の４つの農事組合法人と JA の出資により設立された。JA の出資比率は 19％で、残りが４法人の等分出資である。常時雇用は１名である。もともと４つの中のある法人に就職を予定していたが、１法人では経済的に厳しいことから連合体で雇用することになった。連合体の事業は２つである。一つ目は、防除作業の受託である。県の事業でドローン１機を購入した。オペレーターとして個別の認定農家も含めた 10 名が登録している。さらにドローンの教習も行っており、全国から受講者が集まるという。二つ目の事業は、水稲育苗である。地域における米の統一ブランドの確立につなげ、2018 年に廃止される米の直接支払交付金の減収分を補いたいとしている。

五つ目の（株）三隅農場は、長門市三隅地区における５つの農事組合法人と１つの有限会社、ＪＡが出資することによりが設立された。無人ヘリ等を用いた共同防除や水稲の共同育苗、資材の共同購入、施設園芸の導入等が計画されている。

山口県はこうした連合体を 2019 年までに 24 にまで増やす目標を掲げており、その動向が注目される。集落営農の連携は、連合体の設立や合併など様々な形態をとりながら徐々に進んでいくものと思われる。

３．集落営農法人連合体のポイント

連合体設立におけるポイントを整理すると、以下のとおりである。

第一に、既存の集落営農組織は存続するということである。言い方を変えれば、集落単位の組織を残すことに合理性があるということである。例えば、土地利用調整や資源保全活動などはまだ集落単位で実行可能であり、そうであるならば慣れ親しんだ範域を残した方が協議しやすい。

第二に、中核法人は集落営農法人の経営を補完する存在だということである。そのため、構成員である集落営農組織に共通して必要とされる事業に取り組むことが、連合体の成立条件となる。例えば、地域でブランド米を育てて行こうとするとき、育苗を共同化することで品質を均一化するのは、全体の利益にかなうものである。もう一つの成立条件は、集落を超える範域で初めて適正規模に到達する事業であることである。例えば、防除作業や共同育苗のコストを低減させるためには、機械･施設の大規模化･高性能化と同時に稼働率を十分に確保しなければスケールメリットが発揮されない。農産物の選果や調製なども中核法人の事業として想定されるが、こうした点に留意する必要がある。

第三に、連合体の中核法人は比較的自由度の高い事業展開が可能だということである。全国の集落営農法人の 88.2％は農事組合法人の形態である（農林水産省「集落営農実態調査」2017 年）。農事組合法人は他の農事組合法人の出資者にはなれないため、必然的に中核法人は株式会社等、別の会社形態をとることになる。このことは農事組合法人ではできなかった事業展開が可能となることを意味する。このメリットを活かし、地域条件に適合した柔軟な事業展開が期待される。

藤井　吉隆（ふじい　よしたか）

昭和44年、滋賀県生まれ。秋田県立大学生物資源科学部アグリビジネス学科准教授。

平成5年に岐阜大学農学部生物資源生産学科を卒業後、滋賀県に入庁。県庁農林水産部勤務などを経て、平成27年4月より現職。

専門分野は農業経営・政策学。農業法人や集落営農などの大規模な農業経営を主な対象に、経営の成長・発展を支援するための手法や支援方策を明らかにするための研究などに取り組んでいる。

[主な著書]『農業新時代の技術・技能伝承』（編著）農林統計出版2015年、『農業革新と人材育成システム－欧州の経験と次世代日本農業への含意』（共著）農林統計出版2014年、『次世代土地利用型農業と企業経営』（共著）養賢堂2012年、『知識創造型農業経営組織のナレッジマネジメント』（共著）農林統計出版2012年など。

実践！集落営農の動かし方

平成30年３月　発行

定価：本体 982円＋消費税
送料別

発行　全国農業委員会ネットワーク機構
一般社団法人　全国農業会議所

〒102-0084　東京都千代田区二番町９の８
（中央労働基準協会ビル内）
電話　03(6910)1131　FAX　03(3261)5134
全国農業図書コード　29－28

落丁・乱丁はお取り替えいたします
ISBN 978-4-903817-70-5 C2061